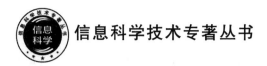

信息科学技术专著丛书

智能视频数据处理与挖掘

梁美玉　著

北京邮电大学出版社
www.buptpress.com

内 容 简 介

本书主要研究了智能视频数据处理与挖掘的相关技术及应用,以提高视频数据中异常事件检测与识别的智能化、精准化水平和鲁棒性、实时性等性能为目的,从而实现对异常突发事件的及时预测和预警,保障公共安全。本书首先研究了视频数据的去噪技术,重点研究了基于残差卷积神经网络的视频去噪算法,然后研究了视频数据的超分辨率重建技术,包括基于深度学习、半耦合字典学习和时空非局部相似性特征的视频超分辨率重建算法;其次研究了视频的显著性时空特征提取算法,在此基础上研究了视频异常事件检测与识别技术,重点研究了基于稀疏组合学习的视频异常事件检测算法,以及基于时空感知深度网络的视频异常事件识别算法;最后构建了视频数据去噪和超分辨率重建系统,并以面向智慧旅游领域的旅游景区视频数据为例,将本书提出的相关模型和算法应用于旅游景区视频数据的智能挖掘,构建了旅游景区视频异常事件检测与识别系统,及时自动监测旅游突发事件。此外,本书相关技术还可应用于智慧城市、智能交通、智慧校园、智慧医疗等领域,切实加强保障公共安全,以实现智慧安防。

本书体系结构完整,注重理论联系实际,可作为计算机应用、人工智能、大数据、电子信息等相关专业的工程技术人员、科研人员、研究生和高年级本科生的参考用书。

图书在版编目（CIP）数据

智能视频数据处理与挖掘 / 梁美玉著 . -- 北京：北京邮电大学出版社，2022.4
ISBN 978-7-5635-6444-6

Ⅰ. ①智…　Ⅱ. ①梁…　Ⅲ. ①视频系统－数据处理②视频系统－数据采集　Ⅳ. ①TP274

中国版本图书馆 CIP 数据核字（2021）第 156879 号

策划编辑：姚　顺　刘纳新　**责任编辑**：王晓丹　左佳灵　**封面设计**：七星博纳

出版发行：北京邮电大学出版社
社　　址：北京市海淀区西土城路 10 号
邮政编码：100876
发 行 部：电话：010-62282185　传真：010-62283578
E-mail：publish@bupt.edu.cn
经　　销：各地新华书店
印　　刷：唐山玺诚印务有限公司
开　　本：787 mm×1 092 mm　1/16
印　　张：12.75
字　　数：240 千字
版　　次：2022 年 4 月第 1 版
印　　次：2022 年 4 月第 1 次印刷

ISBN 978-7-5635-6444-6　　　　　　　　　　　　　　　　定　价：48.00 元

前　　言

　　通过视频数据智能处理和挖掘技术，实现视频数据增强处理及异常事件检测与识别，对于异常突发事件的及时预测和预警，公共安全保障工作的智能化、自动化、精准化，公共安全的保障，智慧安防目标的实现，具有重要的研究价值和应用前景。然而，监控视频大数据中往往包含背景混杂、目标间以及目标与背景间互相遮挡、视角变化、光照变化等复杂的运动场景，并且视频监控数据容易受噪声、运动或光学模糊、下采样等多种降质因素的影响，这些因素都给视频中异常事件的检测与识别带来了新的挑战，因此需要进一步研究对复杂场景具有较好鲁棒性的目标行为特征描述以及高效的异常事件检测与识别方法，提升其在复杂场景下的检测与识别性能，为异常突发事件的预测、预警以及应急决策提供有力的技术支撑，进而实现智慧安防。

　　针对噪声干扰、运动或光学模糊、下采样等多种降质因素对视频数据中异常事件检测和识别精准度的影响，本书对视频数据的去噪和超分辨率重建处理技术进行了研究。本书提出了基于残差卷积神经网络的视频去噪算法，解决了传统视频去噪算法对复杂噪声泛化能力不强的问题；针对现有的视频超分辨率重建方法对视频的时空一致性保持能力不强以及对复杂运动场景鲁棒性不高的问题，提出了基于半耦合字典学习和时空非局部相似性的视频超分辨率重建算法；针对现有方法由于依赖有限规模的外部训练实例或者内部相似块实例不匹配而产生噪声、过平滑或者视觉瑕疵的问题，提出了基于深度学习和时空特征相似性的视频超分辨率重建算法；综合利用外部关联映射学习和内部时空非局部自相似性先验约束，通过两者的优势互补，构建了内外部联合约束的视频超分辨率重建机制；针对现有事件表示方法没有充分考虑视频的帧间时空相关性，难以适用于背景混杂、目标间相互遮挡等复杂运动场景的问题，提出了一种视频显著性时空特征提取方法；针对现有视频异常事件检测方法在复杂运动场景下鲁棒性和时效性不高，无法适用于实际应用中异常事件实时检测的问题，提出了一种基于稀疏组合学习的视频异常事件检测方法；针对现有视频异常事件识别方法大多只在空间域上学习视频特征，没有考虑视频时间域信息的问题，提出了一种基于时空感知深度网络的视频异常事件识别方法。

本书共分 10 章：第 1 章为绪论；第 2 章介绍了视频数据智能处理与挖掘的相关技术；第 3 章介绍了基于残差卷积神经网络的视频去噪算法；第 4 章和 5 章分别介绍了基于半耦合字典学习和时空非局部相似性的视频超分辨率重建算法以及基于深度学习和时空特征相似性的视频超分辨率重建算法；第 6 章介绍了视频显著性时空特征提取算法；第 7 章介绍了基于稀疏组合学习的视频异常事件检测算法；第 8 章介绍了基于时空感知深度网络的视频异常事件识别算法；第 9 章综合以上各章方法，设计并实现了视频数据去噪和超分辨率重建系统；第 10 章介绍了本书相关技术在智慧旅游领域的应用，设计并实现了旅游景区视频异常事件检测与识别系统。

因作者水平有限，书中错误在所难免，请读者多批评指正。

作　者

目　　录

第1章

绪 论

1.1 研究背景与意义

近年来,伴随着人口密度的日益增长,各种社会安全问题也日益突显,拥堵、踩踏、打架斗殴等异常突发事件频发,这给公共安全管理带来了极大的威胁和挑战。如上海外滩陈毅广场拥挤踩踏事件、华山游客被捅事件等,这些事件的发生均给公共安全敲响了警钟,引起了社会各界和相关监管部门的极大重视。近年来,视频监控系统被广泛部署在校园、景区、机场、火车站、高速公路、停车场、商场、办公室等公共场所,以加强保障公共安全。通过对这些公共场所的视频全天候、全方位的监控,利用视频智能处理和挖掘技术对公共场所进行实时监控和异常事件检测与识别,对于异常突发事件的及时预测和预警,以及公共安全的保障,具有重要的研究价值和广阔的应用前景。

随处可见的视频监控设备使相关部门可以监控并记录相应区域的现场情况,但是这需要耗费大量的人力物力,而且没有完全发挥出监控的作用。目前传统视频监控系统有如下三个弊端。(1)在需要对监控视频实时监测的场景下,传统视频监控系统只能用人的肉眼进行监测,这是一项非常耗费人力的任务。在长时间查看监控视频的情况下,人眼极其容易产生视觉疲劳,多种人为因素的干扰直接导致监测到有效信息的可靠性和效率都很低。(2)很多监控系统处于"只记录不判断"的模式。在异常事件发生后,相关部门需要对监控视频进行调查取证,这种方式虽然能针对性地调取监控视频进行查证,但存在很大的信息滞后性,无法实时地对监控视频中的异常信息做出响应,也就无法从根源上降低异常事件的发生所带来的损失和影响。(3)监控系统的安装范围越来越广,传统的视频监控系统很难从海量的视频数据中智能地提取出有效信息,导致资源利用率低下。因此,利用视频智能处理和挖掘技术,构建能够自动检测、自动识别、自动定位、自动报警的智能监控系统是发展的必然趋势。

通过智能视频数据处理和挖掘技术,对监控视频中的异常事件模式信息进行提取和分析,可以从海量的视频数据中精准地筛选出有效的数据,自动检测出异常事件的发生,定位出异常事件发生的位置,并识别出异常事件的类型。这样的智能视频监控系统实现了实时的监控,能在检测出异常事件时及时发出报警,提醒相关部门及时做出响应。近年来,视频中的异常事件检测与识别技术受到国内外学术界和产业界的广泛关注,许多有效的异常事件检测和识别算法都相继被提出,为智能监控系统的建设作出巨大的贡献。目前,随着人工智能和大数据技术的日益发展,视频监控系统已在智能交通、智慧旅游、智慧城市、智慧校园、智慧医疗、智能家居等领域取得了显著成效。虽然目前面向视频的异常事件检测与识别方法在简单的场景下效果较好,然而在复杂的运动场景下往往存在着检测率低、误检率较高的问题,背景混杂、目标间以及目标与背景间互相遮挡、视角变化、光照变化等复杂运动场景给面向视频的异常事件检测与识别带来了新的研究挑战,因此需要进一步研究对复杂场景具有较好鲁棒性的目标行为特征描述以及高效异常事件检测与识别模型和算法,提升其在复杂场景下的检测与识别性能,为异常突发事件的预测、预警以及应急决策提供有力的技术支撑,保障公共安全,最终实现智慧安防的目标。

此外,视频监控设备所拍摄的视频数据易受噪声干扰、光照变化、运动或光学模糊、下采样等多种降质因素的影响,视觉分辨率、细节清晰度和对比度较低,严重影响监控视频中异常事件检测和识别的精准度。视频超分辨率重建和去噪技术能够通过推断低分辨率视频序列中丢失的高频细节信息,重建出高质量的细节更为清晰而丰富的高分辨率视频序列。因此,研究高效且鲁棒性强的视频超分辨率重建和去噪算法对于提升视频异常事件检测和识别的精准度,具有重要的研究意义。

1.2 国内外研究现状

1.2.1 视频超分辨率重建方法的研究现状

超分辨率重建(SR,super-resolution)[1,2]是指通过融合多帧相互间存在全局或局部位移、信息互补的低分辨率图像序列或视频序列,以获取视觉分辨率更高、质量更佳、细节信息更为丰富的图像、图像序列或视频的过程。超分辨率重建的概念最早由 Tsai 和 Huang[3] 在题为"Multi-frame image restoration and registration"的文章中提出,并从此引起了国内外学术界和工业界的广泛关注和深入研究,特别是近年来,它一直是热门的研究方向。目前超分辨率重建研究主要分为频率域方法和空间域方法两大类。

频率域方法通过在频域内消除频谱混叠来提升图像分辨率。Tsai 和 Huang 最早提出的基于傅里叶变换的卫星图像超分辨率重建方法就是一种频率域方法,采用频率域逼近的策略对全局平移的多幅低分辨率图像进行超分辨率重建。然而,该方法的退化模型没有考虑模糊和噪声等因素,随后 Kim 等[4] 对该方法进行了改进,针对模糊、噪声干扰和全局平移等问题提出了图像序列的频率域递推重构算法。虽然频率域方法机理简单,但由于没有充分利用图像的先验信息,且仅适用于全局平移运动模式,因而该类算法具有一定的局限性。

相对于频率域方法,空间域方法[5] 具有较强的灵活性。空间域的超分辨率重建方法主要有基于插值的超分辨率重建方法、基于学习机制的超分辨率重建方法、基于运动估计的超分辨率重建方法以及基于时空相似性的超分辨率重建方法等。基于插值的超分辨率重建方法首先采用一个基函数或者插值核将低分辨率图像像素点映射入高分辨率图像栅格中,然后进行去模糊和去噪处理,获得最终的重建图像。基于插值的方法简单快速,往往能使平滑区域取得较好的重建效果,但是由于该方法没有充分利用多帧图像间的互补冗余信息为低分辨率图像提供新的图像信息,丢失的细节信息也不能被恢复,而且经常引入明显的锯齿效应,所以插值重建后的图像视觉效果往往不够理想。下面将重点对其他几种比较热门的方法进行综述。

1. 基于学习机制的超分辨率重建方法研究现状

基于学习机制的超分辨率重建方法是近些年的研究热点。该方法通过利用低分辨率(LR)和高分辨率(HR)块对作为训练数据集来学习 LR 和 HR 块间的关联映射关系,或者利用一个 LR-HR 过完备字典对作为先验知识,并以此来预测 LR 图像或视频帧中丢失的高频细节信息,获取 HR 图像或视频帧。基于学习的超分辨率方法主要包括基于稀疏编码的方法[6]、基于邻域嵌入的方法、基于回归的方法以及基于深度学习的方法等。Dong 等[7,8] 通过综合学习局部和非局部稀疏性约束,提出了一种更为精确的集中化稀疏表示模型,并将其应用于超分辨率重建领域,获取了较好的效果。Yang 等[9] 提出了一种基于学习的超分辨率重建框架,利用图像的稀疏表示和支持向量回归模型进行自学习,实现重建。Zhou 等[10]通过字典学习提出了一种基于稀疏表示的超分辨率重建方法。近年来随着压缩感知理论[11]的兴起,在学习类的方法中还衍生出了一种基于压缩感知的超分辨率重建方法[12,13]。这类方法首先需要学习和训练样本图像集合,然后利用该样本集合重建图像。

Gao 等[14]提出了一种基于稀疏邻域嵌入的超分辨率重建方法。Chang 等[15]提出了基于流行学习的超分辨率重建算法,分别将高分辨率和低分辨率图像视为高维空间流行和低维空间流行,根据流行邻域在低维和高维空间的一致性,由低维空间结构重建高维空间结构。受局部线性嵌入(LLE)的启发,Chang 等[16]首次提出了一种基于邻域嵌入的超分辨率重建方法,通过学习从 LR 图像块流行到 HR 图像块流行的局部几何关系之间的映射,来实现 HR 图像块的重建。随后大量相关方法相继被提出,并具有较好的性能。Gao 等[17]基于稀疏邻域嵌入对该方法进行了扩展,通过自适应选取每个 LR 块的 K 近邻邻域(KNN)来利用 HOG(histograms of oriented gradients)特征描述局部结构信息。Timofte 等[18]提出了一种新颖的基于邻域嵌入回归的快速超分辨率方法,该方法通过计算与字典元素的相关性而非欧几里得距离来选取最近邻域。然而当处理大规模的训练块时,该方法搜索最近邻的时间开销较大,并且需要大量内存空间。此外,随着超分辨率倍数的递增,LR 图像块和相应的 HR 图像块之间的相关性会变得十分模糊[19]。

文献[20]提出了基于人工神经网络和分类的视频超分辨率算法,利用人工神经网络来学习 LR 和 HR 视频帧间的复杂时空关系,并基于训练得到的网络参数来预测 LR 帧的目标 HR 估计。文献[21]提出了基于局部数据驱动的 3D 核回归(3DKR)方法来估计目标 HR 图像。文献[22]提出了贝叶斯自适应的视频超分辨率重建方法,通过采用最大后验概率估计来迭代估计目标 HR 估计,该方法在精确的光流运动估计下往往可获得较好的 HR 细节重建效果。Yang 等[23]利用 k-means 算法[24]将图像空间划分为若干子空间,并分别在划分后的子空间内构建 LR-HR 关联映射函数来实现超分辨率重建。

基于深度学习的超分辨率方法是近年发展起来的热门研究方向。文献[25],[26]提出了用于超分辨率重建的深度卷积神经网络模型(SRCNN),通过构建深度网络结构来学习 LR 和 HR 图像块间的端到端关联映射,该方法与传统的稀疏编码方法相比,能挖掘出更多的细节信息用于超分辨率处理。Wang 等[27]提出了一种基于深度网络和稀疏先验的超分辨率重建方法,该方法综合深度学习和稀疏编码的优点取得了较好的超分辨率性能,并且利用级联网络增强了算法对任意的超分辨率倍数的适应能力。文献[28]提出了一种新的基于深度学习的快速超分辨率重建算法,首先生成高分辨率候选块集,获取局部高分辨率结构,然后利用深度卷积神经网络来选择最优的候选块用于生成最终的高分辨率块。该方法不依赖精确的运动估计,能够适用于复杂的局部运动。

基于学习的超分辨率重建方法需要构建一个足够大的训练样本数据集,而且在训练图像的内容与待重建图像的内容相似时往往能取得更好的重建效果。基于学习的超分辨率方法能够重建出新的目标细节信息,但往往由于不相关实例的匹配或者特征映射过程中出现的错误而在重建结果中产生视觉瑕疵。基于实例学习的超分辨率方法有助于从外部实例中产生合理有用的细节信息,但是容易产生额外的干扰细节瑕疵,并且难以抑制锯齿现象的产生。基于重建的超分辨率方法有助于保护锋利的边缘,但是容易模糊微小的细节信息,导致视觉效果不自然。综合基于实例学习和基于重建的超分辨率方法的优势,Zhang 等[29]提出了由粗到精的超分辨率统一框架,其优势体现在:(1)避免因基于学习的超分辨率方法产生的无关干扰细节瑕疵;(2)有效地恢复出基于重建的超分辨率方法中平滑掉和丢失的高频细节信息。基于同种思想,Yu 等[30]提出了一种用于单帧图像超分辨率的统一学习框架,综合利用基于学习和基于重建的超分辨率方法的互补特性,利用非局部均值滤波增强边缘并且有效抑制瑕疵,进一步提升超分辨率性能。

2. 基于运动估计的超分辨率重建方法研究现状

依赖精确运动估计的超分辨率重建思路先采用块匹配、光流等运动估计方法进行帧间的亚像素运动估计[31, 32],并基于运动估计所获取的运动向量实现时空配准,然后再通过帧间信息融合来获取重建后的高分辨率图像序列。该类方法目前的研究主要集中在图像序列的配准以及超分辨率重建算法两个方面。图像序列的配准是确保重建效果的一个关键因素,其精度直接影响重建的质量。许多学者针对这一问题展开研究,试图提升图像序列间配准算法的精度。图像序列间的配准方法主要有基于像素区域的方法[33]和基于特征匹配的方法[34, 35]。

在超分辨率重建算法方面,目前已有的研究方法主要包括最大后验概率(MAP)法、凸集投影法(POCS)、迭代反向投影法(IBP)、极大似然估计法(ML)、非均匀插值法、正则化法以及如上几种方法的组合等。其中 MAP 法和 POCS 法相对被采用得较多。MAP法是一种基于随机概率论的方法,采用目标高分辨率图像的先验概率在贝叶斯框架下实现超分辨率重建。Liu 等[36]提出了一种基于贝叶斯框架的自适应视频超分辨率重建方法,将高分辨率图像重建、光流估计、噪声估计和模糊核估计集成在一个统一的框架下。Chen 等[37]提出了一种基于广义高斯马尔科夫随机场(GGMRF)的超分辨率重建方法,获得了较好的重建质量和边缘保持效果。POCS 方法[38]是一种基于集合论的方法,这类方法原理简单且容易引入先验知识,但也存在解不唯一以及收敛速度较慢的问题。

3. 基于时空相似性的超分辨率重建方法研究现状

基于运动估计的超分辨率重建算法对帧间运动估计和配准的精度十分敏感,往往依赖精确的亚像素运动估计,因而不适用于一些复杂的摄像机/场景运动模式。为解决这一问题,近几年兴起和发展了一种基于时空相似性的超分辨率重建方法,是一种模糊配准机制下的超分辨率重建思想,为视频的超分辨率重建问题提供了一种崭新的思路,且目前已被验证是基于多帧的视频超分辨率重建算法中的一种优秀算法。基于这一新思想的超分辨率重建方法最早始于 Protter[39] 提出的一种基于 3D 非局部均值滤波的超分辨率重建方法。非局部均值滤波(NLM)最早是在单帧图像去噪领域被提出的[40]。随后A. Buades[41] 将 NLM 扩展到 3D 域,并在此基础上提出了一种基于 3D NLM 的视频序列去噪方法。受这一思想的启发,Protter 将 3D NLM 拓展至超分辨率重建领域,这是一种基于概率运动估计的模糊配准机制下的超分辨率重建策略,图像配准和重建的过程通过非局部邻域像素的相似性匹配和相似像素的加权平均同步完成。这种基于非局部相似性的超分辨率重建机制充分利用相邻帧的高分辨率信息对目标帧图像进行修正,利用图像非局部相似性引入图像先验知识和相邻帧的细节信息,在无须进行精确的帧间运动估计的情况下,就可以将相邻帧信息运用到目标帧超分辨率重建中,并取得较好的效果。然而,当低分辨率图像序列中存在或缺失一些对象,或者存在不同角度旋转时,帧间信息的关联性就很微弱,因此此时该机制无法充分利用低分辨率图像之间的相似信息实现有效的重建。为解决这一问题,Gao 等[42] 提出了一种基于 Zernike 矩的超分辨率重建方法,通过引入具有较好旋转、平移和尺度不变特性的 Zernike 矩特征来充分利用图像序列中的细节信息,从而获取高质量的重建效果。然而,基于 Zernike 矩的模糊配准机制的时间复杂度是相当高的,其时间代价主要表现在相似性权重的计算过程中,尤其是随着参与超分辨率重建的低分辨率视频帧数目和大小的增多,以及重建视频帧超分辨率倍数的增大,这种时间代价的累积是十分严重的。

基于模糊配准机制下的重建策略催生了超分辨率重建领域新的研究流派,成为国内外一大研究焦点。近年来,学习图像结构已被验证对于构建超分辨率的重建约束具有重要作用,涌现出了一系列的相关算法,如非局部相似性和局部结构规律性的互补特性[43,44],以及稀疏性和结构规律性的综合[45]。Takeda 等[46] 提出了一种局部自适应 3D 迭代核回归机制,通过挖掘图像序列内的时空邻域关系来实现超分辨率重建,从而有效避免了精确的亚像素运动估计。Zhang 等[47] 提出了一种非局部核回归(NL-KR)超分辨率重建方法,充分利用了图像局部结构信息和非局部相似性进行帧间信息融合重建,后来又将该方法由单一尺度扩展至多尺度[48]，进一步提升了重建效果。

4. 时空超分辨率重建方法研究现状

时空超分辨率重建方法可以在提升空间分辨率的同时，进一步提升视频序列的时间分辨率，目前也是一大研究热点。近年来在时空超分辨率重建方面，Oded Shahar[49] 提出了一种基于时空块相似性的视频序列时空超分辨率重建方法，能够有效地恢复视频序列中丢失的细节信息，且有效解决了序列中的运动失真和运动模糊问题。Jordi[50] 提出了一种基于块的时空超分辨率重建方法，充分利用视频序列的跨尺度相似性[51]实现了时空分辨率的提升。在文献[52]中，基于精确的光流估计实现了多曝光视频序列的高动态范围和超分辨率集成重建。Uma[53] 基于最大后验——马尔可夫随机域（MAP-MRF）和 Graph-Cut 机制来求解时空超分辨率重建问题，可同时获取时间和空间维度上分辨率的提升。然而上述方法仍然存在一些问题，即对噪声和亮度变化仍不具有较好的鲁棒性。

国内对于序列图像及视频超分辨率重建的研究起步相对较晚，但目前也有很多高校和科研院所对该领域展开研究，如西安电子科技大学[54,55]、北京邮电大学[56]、山东大学[57]、中国科学技术大学[58]、南京邮电大学[59-61]、重庆大学[62]、大连理工大学[63]、中国科学院研究所[64]等。国内的研究主要集中在超分辨率重建中的帧间配准[65]、基于 POCS 和 MAP 的超分辨率重建及其改进算法以及基于学习的超分辨率重建等。张义轮[66] 提出了一种基于相似性约束的视频超分辨率重建算法，采用光流场进行初始运动估计，并进行精细的块匹配，在视频序列中进行相似性搜索，然后利用相似性信息来不断修正迭代反投影中的重建误差。杨欣[67] 在传统的 MAP 算法中引入了自适应加权系数矩阵，并在此基础上提出了一种基于自适应双边全变差的超分辨率重建算法。针对不同焦距下拍摄的多分辨率尺度的图像序列，李展等[68] 提出了一种基于尺度不变特征转换和图像配准的盲超分辨率重建算法。

1.2.2　视频去噪方法的研究现状

噪声是在图像或视频采集设备及外界环境协调作用下产生的不确定的干扰信息。常见的噪声主要分为高斯噪声、椒盐噪声、伽马噪声与瑞利噪声等。但是这些分类方法都在概率分布上对噪声进行了假设。单纯从噪声作用在图像信号上的方式来看，噪声可以被分成与图像信号不相干的加性噪声和相干的乘性噪声。但是由于噪声的不确定性，其在图像信号的任何频段都有一定概率出现，导致去噪问题作为一个病态问题，只能尽可能地优化。

频域去噪是图像去噪的一个重要研究方向。由于频域的特性,图像处理中比较常见的运算如卷积、平移或旋转等都可以进行简化,从而降低了运算复杂度。而通过低通、高通或带通等滤波操作,可以实现噪声和图像信息的分离,这里一般基于噪声主要存在于高频区域的假设。而在图像转频域的变换过程中,常用的方法有离散小波变换(DWT,discrete wavelet transform)[69,70]、曲波(curvelet)变换[71]、轮廓波(contourlet)变换[72]等。但是频域去噪方法对空域先验知识的处理能力有限,且无法与时域完美结合[73]。同时,在多尺度频域分解过程中,噪声和信号依旧存在混叠现象,导致部分细节信息的丢失和一些噪声的保留。

空域去噪是最常使用的去噪算法类型,典型的算法如均值滤波、直方图均衡等都属于这一类别。随着非局部均值(NLM,nonlocal means)去噪思想的提出,运动物体的全局和局部运动等先验知识可以作为重要参考融于去噪过程中,至今仍有大量算法沿着这个思路进行改进[74,75]。Li[76]利用灰度理论下 NLM 去噪理论的应用进行研究,解决了传统NLM 算法在参数设置上的难题并降低了计算复杂度。Khan[77]结合 k 均值聚类和非局部均值估计提出了椒盐噪声估计和去除方法。除此之外,空域和频域的联合优化也是一种常用的研究思路。Xu[78]提出了一种并行 NLM 去噪算法,并采用高斯小波核函数实现噪声滤波。但是空域去噪真正成为研究热点却起源于压缩感知(CS,compress)理论的压倒性胜利。

基于压缩感知进行的稀疏去噪算法虽然是空域的去噪算法,但是通过稀疏变换,其去噪的基本思想类似于频域去噪,即较高的稀疏系数对应于图像的结构信息,而较小的系数则一般源自噪声[79]。稀疏去噪的核心在于稀疏字典的构建,而稀疏字典的构建方法则分为解析方法和学习方法[80]两种。其中解析方法[81,82]一般计算简便,但是不完备的知识指导往往导致字典不能实现对数据的充分表达。主成分分析(PCA,principal component analysis)和独立成分分析(ICA,independent component analysis)作为字典算法的一种雏形都是基于解析方法得到的。

相比而言,基于学习的字典生成算法更易于得到完备的字典。常见算法如 K-SVD(k-singular value decomposition)、MOD(method of optimal directions)、FDDL(fisher discrimination dictionary learning)等[83],它们通过稀疏编码和字典的迭代更新获取最优化稀疏表示。但是,这种做法一般基于稀疏编码间相互独立的假设,而这个假设实际却是不成立的。一种改进方法是利用图像的非局部稀疏性将图像结构化,提高稀疏编码间的独立性[84,85]。在非局部稀疏提取过程中,Xu[86]使用高斯混合模型(GMM,Gaussian mixture model）对训练集进行聚类，而 Dong[87] 则使用 K 近邻（KNN，K-nearest neighbor）对待重建窗口区域内的图像块进行分类。

目前去噪算法大多假设噪声服从高斯分布，忽略了噪声本身概率分布的不确定性。如何更好地实现盲噪声去除也是现在的一个研究热点。一种解决方法是基于混合高斯分布（MoG，mixture of Gaussian distribution）可以描述任意分布的特点，利用 MoG 实现对未知图像噪声分布的描述。从这种思路出发，Meng[88] 提出一种鲁棒的低秩矩阵分解算法，Chen[89] 则将 Meng 的低秩矩阵分解算法扩展到张量，提出一种加权低秩张量分解算法（weighted low-rank tensor factorization）。另外还有采用混合指数分布（MoEP，mixture of exponential power）描述未知噪声的去噪算法[90]、使用低秩混合高斯过滤器（LR-MoG，low-rank MoG filter）的图像去噪算法[91] 等，它们可以较好地拟合未知噪声。但是，这些算法仍然无法解决实际生活中复杂的噪声问题。

1.2.3　视频异常事件检测方法的研究现状

许多国内外的研究者们在视频异常事件检测方面付出了巨大努力，并取得了一定的成果。从所采用的异常事件检测模型来看，可以将视频异常事件检测方法分为四类：基于分类和聚类的方法、基于概率的方法、基于能量的方法和基于重构的方法。

基于分类和聚类的异常事件检测方法类似于模式识别，因为异常事件检测就是区分正常事件和异常事件的过程。当训练样本既含有正常事件又含有异常事件时，提取的特征是带有正常事件和异常事件标签的数据，所以基于分类的异常事件检测方法通常是先训练带有标签的特征数据，然后利用得到的分类器对测试样本进行分类。当训练样本只包含正常事件时，通常使用基于聚类的异常事件检测方法对特征数据进行聚类，远离聚类中心的数据点即为异常事件。Tian Wang[92]、Hua Yang[93] 等运用直方图表示人群的运动特征，然后用支持向量机机器学习方法建立异常事件检测模型，在测试阶段利用训练好的模型实现对异常事件的分类。H. Lin[94] 利用在线加权聚类算法对提取的自适应多尺度直方图光流特征进行建模，不能拟合到具有较大权重的簇的特征数据点被视为异常事件。基于分类的异常事件检测方法较为常用，但是这类方法不适用于大规模需要标注的数据集，而且通常样本标签未知。基于聚类的异常事件检测方法不需要提前对样本标签进行标注，但是异常检测的结果很大程度上依赖特征提取的好坏。

基于概率的异常事件检测方法就是对特征数据进行概率化的过程，通常根据训练样本建立基本事件模式的概率密度函数，在测试时可以得到测试样本属于每一种模式的概率。常用的方法有贝叶斯网络、隐马尔可夫模型和条件随机场模型。L. Kratz[95]等引入了时空量的概念,综合考虑了时间和空间特性,在多特征空间上利用隐马尔可夫模型实现异常事件的检测。Saira Saleem Pathan 等[96]运用条件随机场概率模型对人群行为进行检测,把视频的每一帧分割成不重叠的块,利用参数化的多高斯二维样本分布表示流场,然后通过潜在字序列学习构成条件随机场,对每个帧块进行异常检测从而判断视频中是否发生了异常事件。基于概率的异常事件检测方法一旦确立了概率密度函数,则一个事件属于异常事件的概率就可根据计算公式准确得到,但这类方法依赖较大规模的训练集,否则其检测性能会受影响。

基于能量的异常事件检测方法通常将监控视频中的人群看作一个整体,通过提取人群运动特征或是人群行为模式可以计算得到人群的运动能量,然后将其与设定的阈值进行比较来判断事件的正常与否。王欢[97]利用混合高斯模型对人群的行为模式进行建模,然后使用加权的能量函数来检测异常事件。覃金飞[98]等定义了群体能量来对监控视频中的人群进行建模,然后通过分析能量曲线来实现群体异常事件检测。基于能量的异常事件检测方法由于是将人群视为一个整体来进行特征提取和能量计算的,因此这类方法适用于全局性的异常事件检测,而对于局部异常的检测效果则不显著。

基于重构的异常事件检测方法通常只针对正常事件进行训练,训练后可以得到若干基向量,这些基向量对于正常事件具有很小的重构误差。最常用的基于重构的异常事件检测方法是稀疏表示。稀疏表示是将正常事件建模为一组基本原子线性组合的一般性约束,给定训练特征,在稀疏先验下可学习到一个正常模式的字典,通过将字典中的元素进行稀疏组合来重构测试阶段的新特征,重构误差大的则将其判定为异常模式。Z. Zhang等[99]针对异常事件检测提出了一致性稀疏表示方法,通过重构训练特征聚类中心空间中的每个特征,将稀疏表示模型加入一致性正则化中。Yang Cong 等[100]使用稀疏重构对异常事件进行检测,在训练时利用正常事件样本,通过提取其特征可以建立一个正常事件的字典 D,在测试时对于一个新特征 X,利用建立好的正常事件字典 D 计算其稀疏重构代价,从而判断事件是否异常。虽然稀疏表示方法的检测精度高,但是在测试阶段要花费很长时间。

事实上,大多数的异常事件检测算法都是有其局限性的,只适用于一种或几种特定情况。比如:有的算法是对低密度的人群进行检测,不适用于背景混杂或目标人群太多的场景[101];有的算法只是根据提取出来的人群运动特征进行异常检测,没有综合考虑密度信息或时空特性[102];还有的算法比较复杂,不能做到实时处理[103],正如稀疏表示方法。因此,还需要进一步研究如何准确地进行事件描述,建立具有较好鲁棒性的异常事件检测模型,提高异常事件检测算法的性能。

1.2.4　视频异常事件识别方法的研究现状

随着计算机视觉和智能视频监控技术的发展,视频异常事件识别体现出了广泛的应用前景并受到国内外许多学者的关注。视频异常事件识别方法大致可以分为两类:传统的异常事件识别方法和基于深度学习的异常事件识别方法。

传统的异常事件识别方法通常是人工提取出用于监控视频中异常事件识别的特征,然后使用支持向量机等机器学习方法进行分类识别[104]。最直接的方法是根据人体的几何结构或运动信息进行识别。T. Wang 等[105] 提出了一种基于人体姿态估计的异常行为识别算法,首先采用基于滤波通道特征的行人检测算法对每个目标行人进行定位,然后基于图像结构框架构建每个人体的外观模型,最后利用 HOC 算法提取人体各部位的特征并对其行为进行分类,区分异常事件的类型。何杰[106] 将描述图像纹理的 LBP 特征和基于人体轮廓的 Hu 矩特征相结合来表示运动人体的行为,然后利用隐马尔可夫模型识别异常行为。目前报道的效果最好的人工提取的特征是 H. Wang 等[107] 提出的改进的密集轨迹(iDT),它表明时间信号与空间信号的处理方式不同。iDT 是基于光流跟踪和低层梯度直方图的手工提取的特征,它从视频帧中的密集采样特征点开始,使用光流来跟踪它们,对于每个跟踪器,沿着轨迹提取不同的人工特征。尽管它的性能很好,但这种方法在计算上是密集的,在大型数据集上变得难以处理。

虽然基于人体几何结构或运动信息的异常事件识别方法能够有效地识别简单场景下的个体行为,但是难以适应背景混杂、目标间相互遮挡等复杂的运动场景,且忽视了人与人、人与环境之间的交互[108],而基于时空兴趣点的异常事件识别方法则能够在复杂场景下取得较好的识别效果。S. G. Wang 等[109] 提出了基于时空兴趣点的单一交互式人类行为识别算法,首先对包含足够多的人体运动信息的时空兴趣点进行检测,并基于人体轮廓的连通性信息选择一组时空兴趣点,然后对训练集中的点进行 GMM 聚类生成时空词,最后对这些时空词进行训练以获得每个行为的高斯混合模型,从而实现对人类行为的识别。陈园[110] 利用 3D-Harris 和 HOG/HOF 检测算子检测时空兴趣点,然后将这些时空兴趣点进行离散操作以生成兴趣点单词,并通过聚类算法构建词袋和单词的直方图,最后利用分类器对得到的特征向量进行人体异常行为的分类。

基于深度学习的异常事件识别方法不同于传统的异常事件识别方法,它可以自动从数据中学习到特征,而不需要人工设计和提取特征,通过这种方式获得的深度特征蕴含高层的语义信息,更适用于人体行为理解、异常事件识别。受图像领域深度学习的启发,在过去几年中,各种深度卷积网络模型[111]可用于提取图像特征。N. Zhang 等[112]提出通过训练姿势规范化的卷积神经网络结合部分模型和深度学习对图像中人的属性进行分类识别。B. Zhou 等[113]在以场景为中心的数据库 Places(其中包含 700 多万个带有场景标记的图像)上利用卷积神经网络学习场景识别任务的深度特征。这些特征是网络上最后几个全连接层的激活,在传输学习任务中表现良好。然而,由于缺乏运动建模,这种基于图像的深度特征并不能直接适用于视频处理。Le 等人[114]使用堆叠的独立子空间分析(ISA,independent subspace analysis)来学习视频的时空特征。虽然该方法在行为识别方面取得了良好的效果,但它在训练上仍然是计算密集型的,很难在大型数据集上进行大规模的测试。Karpathy 等[115]在大型视频数据集上训练深度网络进行视频分类。K. Simonyan 等[116]使用包含时间和空间网络的双流网络来实现行为识别。然而,这些方法是建立在仅使用 2D 卷积和 2D 池化操作的基础上的,它们不能在网络中传播时间信号,因此丢失了输入视频的时间信息。

目前,虽然有不同形式的深度网络用于异常事件识别,但这些深度网络通常提取的是二维的深度图像特征,由于缺乏运动建模,所以不能直接用于视频数据处理。另外,现有的深度网络通常有两个"人为"的要求:需要固定大小和固定长度的输入视频。这可能会降低视频分析的质量。事实上,大多数异常事件识别算法都是有其局限性的。比如:有的算法在视频特征提取上是计算密集型的,很难在大型数据集上进行大规模的测试;有的算法采用的异常事件识别模型不能很好地建模时间信号,丢失了输入视频的时间信息;还有的算法只能识别简单场景下的个体行为,但是难以适应背景混杂、目标间相互遮挡等复杂的运动场景。因此,还需要进一步研究如何准确地进行事件描述,建立具有较好鲁棒性的异常事件识别模型,提高异常事件识别算法的性能。

综上所述,在基于视频的异常事件检测方面,现有事件表示方法没有充分考虑帧间时空相关性,在复杂运动场景(如背景混杂、目标间相互遮挡等)下鲁棒性和时效性不高,无法适用于实际应用中的实时异常事件检测。在基于视频的异常事件识别方面,现有基于深度学习的异常事件识别方法虽然可以自动从数据中学习到适合用于人体行为理解的高层语义特征,不需要人工设计和提取特征,但其只在空间域上学习特征,不能很好地建模时间信号,丢失了输入视频的时间信息,且大多数深度网络需要固定大小和长度的输入视频,在一定程度上影响了视频异常事件识别的准确率。针对以上问题,本书主要研究如何在避免视频背景信息干扰的同时充分考虑视频帧间的时空相关性,提升异常事件的检测效率,以及如何更好地建模深度网络的空间和时间信息,解除深度网络对输入视频大小和长度的限制,进一步识别异常事件的类型。

参 考 文 献

[1]　MA Z, LIAO R, TAO X, XU L, et al. Handling motion blur in multi-frame super-resolution[C]. IEEE Computer Society Conference on Computer Vision and Pattern Recognition (CVPR), 2015, 5224-5232.

[2]　YANG C Y, MA C, YANG M H. Single-image super-resolution: a benchmark [C]. European Conference on Computer Vision (ECCV), 2014, 372-386.

[3]　TSAI R, HUANG T. Multi-frame image restoration and registration[J]. Advances in Computer Vision and Image Processing, 1984, (1): 317-339.

[4]　KIM S P, BOSE N K, VALENZUELA H M. Recursive reconstruction of high resolution image from noisy under-sampled multi-frames[J]. IEEE Transactions on Acoustics, Speech and Signal Processing, 1990, 38(6): 1013-1027.

[5]　SU H, TANG L, WU Y, et al. Spatially adaptive block-based super-resolution [J]. IEEE Transactions on Image Processing, 2012, 21(3): 1031-1045.

[6]　YANG J, WANG Z, LIN Z, et al. Coupled dictionary training for image super-resolution[J]. IEEE Transactions on Image Processing, 2012, 21(8): 3467-3478.

[7]　DONG W, ZHANG L, SHI G. Centralized sparse representation for image restoration [C]. IEEE International Conference on Computer Vision (ICCV), 2011.

[8]　DONG W S, ZHANG L, SHI G M, et al. Nonlocally centralized sparse representation for image restoration[J]. IEEE Transactions on Image Processing, 2013, 22(4):1620-1630.

[9]　YANG M C, WANG Y C F. A Self-learning approach to single image super-resolution[J]. IEEE Transactions on Multimedia, 2013, 15(3): 498-508.

[10]　ZHOU F, YANG W M, LIAO Q M. Single image super-resolution using incoherent sub-dictionaries learning [J]. IEEE Transactions on Consumer Electronics, 2012, 58(3): 891-897.

[11]　DONOHO D L. Compressed sensing[J]. IEEE Transactions on Information Theory, 2006, 52(4):1289-1306.

[12]　YANG J C, WRIGHT J, HUANG T, et al. Image super-resolution as sparse

representation of raw image patches[C]. IEEE Computer Society Conference on Computer Vision and Pattern Recognition (CVPR), 2008, 1-8.

[13] HE C, LLIU L Z, XU L Y, et al. Learning based compressed sensing for SAR image super-resolution[J]. IEEE Journal of Selected Topics in Applied Earth Observations and Remote Sensing, 2012, 5(4):1272-1281.

[14] GAO X B, ZHANG K B, TAO D H, et al. Image super-resolution with sparse neighbor embedding[J]. IEEE Transactions on Image Processing, 2012, 21(7): 3194-3205.

[15] CHANG H, YEUNG D Y, XIONG Y. Super-resolution through neighbor embedding[C]. IEEE Computer Society Conference on Computer Vision and Pattern Recognition (CVPR), 2004, 275-282.

[16] CHANG H, YEUNG D, XIONG Y. Super-resolution through neighbor embedding[C]. IEEE International Conference on Computer Vision and Pattern Recognition (CVPR), 2004, 275-282.

[17] GAO X B, ZHANG K B, TAO D H, et al. Image super-resolution with sparse neighbor embedding[J]. IEEE Transactions on Image Processing, 2012, 21(7): 3194-3205.

[18] TIMOFTE R, DE V, VAN GOOL L. Anchored neighborhood regression for fast example-based super-resolution[C]. International Conference on Computer Vision (ICCV), 2013, 1920-1927.

[19] SU K, QI T, XUE Q, SEBE N, MA J. Neighborhood issue in single-frame image super-resolution[C]. IEEE International Conference on Multimedia and Expo (ICME), 2005, 1-4

[20] CHENG M H, HWANG K S, JENG J H, et al. Classification-based video super-resolution using artificial neural networks[J]. Signal Processing, 2013, 93: 2612-2625.

[21] TAKEDA H, MILANFAR P, PROTTER M, et al. Superresolution without explicit subpixel motion estimation [J]. IEEE Transactions on Image Processing, 2009, 18(9):1958-1975.

[22] LIU C, SUN D Q. On bayesian adaptive video super resolution[J]. IEEE Transactions on Pattern Analysis and Machine Intelligence, 2014, 36 (2):

346-360.

[23] YANG C Y, YANG M H. Fast direct super-resolution by simple functions[C]. In Proc. IEEE Int. Conf. Comput. Vis. , 2013, 561-568.

[24] HUANG X, YE Y, ZHANG H. Extensions of kmeans-type algorithms: A new clustering framework by integrating intracluster compactness and intercluster separation[J]. IEEE Trans. Neural Netw. Learn. Syst. , 2014, 25 (8): 1433-1446.

[25] DONG C, LOY C C, HE K, et al. Learning a deep convolutional network for image super-resolution[C]. In ECCV, 2014, 184-199.

[26] DONG C, LOY C C, HE K M, et al. Image super-resolution using deep convolutional networks [J]. IEEE Transactions on Pattern Analysis and Machine Intelligence, 2015, 38(2): 295-307.

[27] WANG Z W, LIU D, YANG J C, et al. Deep networks for image super-resolution with sparse prior [C]. 2015 IEEE International Conference on Computer Vision (ICCV 2015), 2015, 370-378.

[28] LIAO R J, TAO X, LI R Y, et al. Video super-resolution via deep draft-ensemble learning[C]. ICCV, 2015, 531-539.

[29] ZHANG K B, TAO D C, GAO X B, et al. Coarse-to-fine learning for single-image super-resolution [J]. IEEE Transactions on Neural Networks and Learning Systems, 2016, 28: 1109-1122.

[30] YU J F, GAO X B, TAO D H, et al. A unified learning framework for single image super-resolution[J]. IEEE Transactions on Neural Networks and Learning Systems, 2014, 25(4): 780-792.

[31] LEE L H, CHOI T S. Accurate registration using adaptive block processing for multispectral images[J]. IEEE Transactions on Circuits and Systems for Video Technology, 2013, 23(9): 1491-1501.

[32] BAKER S, SCHARSTEIN D, LEWIS J P, et al. A database and evaluation methodology for optical flow[J]. International Journal of Computer Vision, 2011, 92(1): 1-31.

[33] ZHOU F, YANG W M, LIAO Q M. A coarse-to-fine subpixel registration method to recover local perspective deformation in the application of image

super-resolution[J]. IEEE Transactions on Image Processing, 2012, 21(1): 53-66.

[34] XU H H, CHEN P Z, YU W Y, et al. Feature-aligned 4D spatiotemporal image registration[C]. 2012 21st International Conference on Pattern Recognition (ICPR 2012), 2012: 11-15.

[35] WANG S H, YOU H J, FU K. BFSIFT: A novel method to find feature matches for SAR image registration[J]. IEEE Geoscience and Remote Sensing Letters, 2012, 9(4): 649-653.

[36] LIU C, SUN S Q. On bayesian adaptive video super resolution [J]. IEEE Transactions on Pattern Analysis and Machine Intelligence, 2014, 36(2): 346-360.

[37] CHEN J, NUNEZ-YANEZ J, ACHIM A. Video super-resolution using generalized gaussian markov random fields[J]. IEEE Signal Processing Letters, 2012, 19(2): 63-66.

[38] SHILING R Z, ROBBIR T Q, BAILOEUL, et al. A super-resolution framework for 3-D high-resolution and high-contrast imaging using 2-D multislice MRI [J]. IEEE Transactions on Medical Imaging, 2009, 28(5): 633-644.

[39] PROTTER, ELAD E, TAKEDA H, et al. Generalizing the nonlocal-means to super-resolution reconstruction [J]. IEEE Transaction on Image Processing, 2009, 18(1): 349-366.

[40] BUADES A, COLL B, MOREL J M. A review of image denoising algorithms [J]. Multiscale Modeling and Simulation, 2005, 4:490-530.

[41] BUADES A, COLL B, MOREL J M. Denoising image sequences does not require motion estimation[C]. IEEE Conference on Advanced Video and Signal Based Surveillance, 2005, 70-74.

[42] GAO X B, WANG Q, LI X L, et al. Zernike-moment-based image super resolution [J]. IEEE Transaction on Image Processing, 2011, 20(10): 2738-2747.

[43] ZHANG K, GAO X, TAO D, et al. Single image super-resolution with non-local means and steering kernel regression[J]. IEEE Trans. Image Process., 2012, 21(11): 4544-4556.

[44]　ZHANG K, GAO X, TAO D, et al. Single image super-resolution with multiscale similarity learning[J]. IEEE Trans. Neural Netw. Learn. Syst., 2013, 24(10): 1648-1659.

[45]　DONG W, ZHANG L, SHI G, et al. Image deblurring and super-resolution by adaptive sparse domain selection and adaptive regularization[J]. IEEE Trans. Image Process., 2011, 20(7): 1838-1857.

[46]　TAKEDA H, MILANFAR P, PROTTER M, et al. Super-resolution without explicit subpixel motion estimation [J]. IEEE Transactions on Image Processing, 2009, 18(9): 1958-1975.

[47]　ZHANG H C, YANG J C, ZHANG Y N, et al. Non-local kernel regression for image and video restoration[C]. European Conference on Computer Vision (ECCV), 2010.

[48]　ZHANG H C, YANG J C, ZHANG Y N, et al. Multi-scale non-local kernel regression for image and video restoration[C]. 2011 18th IEEE International Conference on Image Processing, 2011: 1353-1356.

[49]　SHAHAR O. Space-time super-resolution from a single video[C]. IEEE International Conference on Computer Vision and Pattern Recognition (CVPR), 2011: 3353-3360.

[50]　SALVADOR J, KOCHALE A, SCHWEIDLER S. Patch-based spatio-temporal super-resolution for video with non-rigid motion[J]. Signal Processing: Image, 2013.

[51]　FREEDMAN G, FATTAL R. Image and video upscaling from local self-examples[J]. ACM Transactions on Graphics, 2011, 30(12):1-11.

[52]　ZIMMER H, BRUHN A, WEICKERT J. Freehand HDR imaging of moving scenes with simultaneous resolution enhancement [J]. Computer Graphics Forum, 2011,30: 405-414.

[53]　MUDENAGUDI U, BANERJEE S, KALRA P K. Space-time super-resolution using graph-cut optimization [J]. IEEE Transactions on Pattern Analysis and Machine Intelligence, 2011, 33(5): 995-1008.

[54]　王小江. 基于非局部相似性的图像超分辨率[D]. 西安:西安电子科技大学, 2013.

[55]　胡颖颖. 基于粒子群优化的视频序列超分辨率重建研究[D]. 西安:西安电子科技大学, 2013.

[56]　胥妍. 图像超分辨率重建算法研究[D]. 北京:北京邮电大学,2013.

[57]　张博洋. 图像及视频超分辨率重建算法研究[D]. 济南:山东大学,2013.

[58]　宋慧慧. 基于稀疏表示的图像超分辨率重建算法研究[D]. 合肥:中国科学技术大学,2011.

[59]　范亚琼. 利用非局部相似性的图像超分辨率重建研究[D]. 南京:南京邮电大学,2012.

[60]　张义轮. 基于相似性约束的视频超分辨率重建研究[D]. 南京:南京邮电大学,2013.

[61]　邱一雯. 基于学习的视频超分辨率重建算法研究及实现[D]. 南京:南京邮电大学,2012.

[62]　李立琴. 图像超分辨率重建算法研究[D]. 重庆:重庆大学,2011.

[63]　王凯. 基于块匹配的图像去噪和超分辨率重建算法研究[D]. 大连:大连理工大学,2013.

[64]　徐志刚. 序列图像超分辨率重建技术研究[D]. 西安:中国科学院西安光学精密机械研究所,2012.

[65]　孙琰玥,何小海,宋海英,等. 一种用于视频超分辨率重建的块匹配图像配准方法[J]. 自动化学报, 2011,37(1):37-43.

[66]　张义轮,干宗良,朱秀昌. 相似性约束的视频超分辨率重建[J]. 中国图象图形学报, 2013,18(7):761-767.

[67]　杨欣,周大可,费树岷. 基于自适应双边全变差的图像超分辨率重建[J]. 计算机研究与发展, 2012,49(12):2696-2701.

[68]　李展,张庆丰,孟小华,等. 多分辨率图像序列的超分辨率重建[J]. 自动化学报, 2012,38(11):1804-1813.

[69]　唐佳林,吴泽锋,蒋才高,等. 基于小波变换的图像超分辨率复原算法研究[J]. 计算机科学, 2014, S2:147-149.

[70]　LU J Y, LIN H, YE D, et al. A new wavelet threshold function and denoising application[J]. Mathematical Problems in Engineering, 2016.

[71]　KUMAR S, BISWAS M. New method of noise removal in images using curvelet transform[C]. International Conference on Computing, Communication & Automation (ICCCA), 2015:1193-1197.

[72]　BHONGADE S, KOURAV D, RAI R K, et al. Review on image denoising

based on contourlet domain using adaptive window algorithm[C]. International Conference on Machine Intelligence and Research Advancement（ICMIRA），2013：412-415.

[73]　张倩. 基于双重离散小波变换的遥感图像去噪算法[J]. 国土资源遥感，2015，04：14-20.

[74]　SAID A B，HADJIDJ R，MELKEMI K E，et al. Multispectral image denoising with optimized vector non-local mean filter[J]. Digital Signal Processing，2016，58：115-126.

[75]　HU J，ZHOU J，WU X. Non-local MRI denoising using random sampling[J]. Magnetic Resonance Imaging，2016，34(7)：990-999.

[76]　LI H，SUEN C Y. A novel non-local means image denoising method based on Grey theory[J]. Pattern Recognition，2016，49：237-248.

[77]　KHAN A，WAQAS M，ALI M R，et al. Image de-noising using noise ratio estimation，K-means clustering and non-local means-based estimator［J］. Computers & Electrical Engineering，2016.

[78]　XU M，PEI L，LI M，et al. Medical image denoising by parallel non-local means [J]. Neurocomputing，2016，195：117-122.

[79]　王志明. 基于图像分割的噪声方差估计[J]. 工程科学学报，2015，09：1218-1224.

[80]　练秋生，石保顺，陈书贞. 字典学习模型、算法及其应用研究进展[J]. 自动化学报，2015，02：240-260.

[81]　RAVISHANKAR S，BRESLER Y. Learning sparsifying transforms［J］. IEEE Transactions on Signal Processing，2013，61(5)：1072-1086.

[82]　CHEN Y J，RANFTL R，POCK T. Insights into analysis operator learning：from patch-based sparse models to higher order Mrfs[J]. IEEE Transactions on Image Processing，2014，23(3)：1060-1072

[83]　ZHANG Z，XU Y，YANG J，et al. A survey of sparse representation：algorithms and applications[J]. IEEE Access，2015，3：490-530.

[84]　CHEN W，WIPF D，WANG Y，et al. Simultaneous bayesian sparse approximation with structured sparse models[J]. IEEE Transactions on Signal Processing，2016，64(23)：6145-6159.

[85] GU S, ZHANG L, ZUO W, et al. Weighted nuclear norm minimization with application to image denoising[C]. IEEE Conference on Computer Vision and Pattern Recognition, 2014: 2862-2869.

[86] XU J, ZHANG L, ZUO W, et al. Patch group based nonlocal self-similarity prior learning for image denoising[C]. IEEE Conference on Computer Vision, 2015: 244-252.

[87] DONG W S, LI X, ZHANG L, et al. Sparsity-based image denoising via dictionary learning and structure clustering[C]. IEEE Conference on Computer Vision and Pattern Recognition, 2011: 457-464.

[88] CHEN X, HAN Z, WANG Y, et al. Robust tensor factorization with unknown noise[C]. IEEE Conference on Computer Vision and Pattern Recognition, 2016: 5213-5221.

[89] MENG D, TORRE F D L. Robust matrix factorization with unknown noise[C]. IEEE International Conference on Computer Vision. 2013: 1337-1344.

[90] CAO X, CHEN Y, ZHAO Q, et al. Low-rank matrix factorization under general mixture noise distributions[C]. IEEE International Conference on Computer Vision. 2015: 1493-1501.

[91] ZHU F, CHEN G, HENG P A. From noise modeling to blind image denoising[C]. IEEE Conference on Computer Vision and Pattern Recognition. 2016: 420-429.

[92] WANG T, SNOUSSI H. Histograms of optical flow orientation for visual abnormal events detection[C]. IEEE Ninth International Conference on Advanced Video and Signal-Based Surveillance, 2012: 13-18.

[93] YANG H, CAO Y, WU S, et al. Abnormal crowd behavior detection based on local pressure model[C]. Signal and Information Processing Association Summit and Conference (APSIPA ASC), 2014: 1-4.

[94] LIN H, DENG J D, WOODFORD B J, et al. Online weighted clustering for real-time abnormal event detection in video surveillance[C]. ACM on Multimedia Conference, 2016: 536-540.

[95] KRATZ L, NISHINO K. Anomaly detection in extremely crowded scenes using spatio-temporal motion pattern models[C]. IEEE Conference on Computer

Vision and Pattern Recognition (CVPR)，2009：1446-1453.

[96]　PATHAN S S，AL-HAMADI A，MICHAELIS B. Using conditional random field for crowd behavior analysis[C]. Asian Conference on Computer Vision (ACCV)，2010，6468：370-379.

[97]　王欢. 基于显著图的人群异常事件检测研究[D]. 北京：中国科学院大学，2015.

[98]　覃金飞，王旬. 一种基于视频能量的异常事件检测算法研究[J]. 装备制造技术，2011，(4)：29-31.

[99]　ZHANG Z，LIU S，ZHANG Z. Consistent sparse representation for abnormal event detection[J]. IEICE Transactions on Information and Systems，2015：1866-1870.

[100]　CCONG Y，YUAN J，LIU J. Abnormal event detection in crowded scenes using sparse representation[J]. Pattern Recognition，2013，46(7)：1851-1864.

[101]　BERA A，KIM S，MANOCHA D. Realtime anomaly detection using trajectory-level crowd behavior learning[C]. IEEE Conference on Computer Vision and Pattern Recognition (CVPR)，2016：1289-1296.

[102]　YEN S H，WANG C H. Abnormal event detection using HOSF[C]. International Conference on It Convergence and Security，2013：1-4.

[103]　ABBASNEJAD I，SRIDHARAN S，DENMAN S，et al. Complex event detection using joint max margin and semantic features[C]. International Conference on Digital Image Computing：Techniques and Applications (DICTA)，2016：1-8.

[104]　朱煜，赵江坤，王逸宁，等. 基于深度学习的人体行为识别算法综述[J]. 自动化学报，2016，42(6)：848-857.

[105]　TIAN W，LI Q，YAN L，et al. Abnormal human body behavior recognition using pose estimation[J]. Chinese Journal of Scientific Instrument，2016.

[106]　何杰. 视频监控中的人体异常行为识别方法研究[D]. 重庆：重庆大学，2014.

[107]　WANG H，SCHMID C. Action recognition with improved trajectories[C]. IEEE International Conference on Computer Vision (ICCV)，2014：3551-3558.

[108]　许君苓. 基于光流特征的航站楼旅客异常行为识别方法研究[D]. 南京：南京航空航天大学，2015.

[109]　WANG S G，SUN A M，ZHAO W T，et al. Single and interactive human behavior recognition algorithm based on spatio-temporal interest point[J]. Jilin

Daxue Xuebao，2015，45(1)：304-308.

[110] 陈园. 基于 ARM9 的人体异常行为检测研究[D]. 兰州：兰州理工大学，2016.

[111] JIA Y，SHELHAMER E，DONAHUE J，et al. Caffe：Convolutional architecture for fast feature embedding[J]. 2014：675-678.

[112] ZHANG N，PALURI M，RANZATO M，et al. PANDA：Pose aligned networks for deep attribute modeling[J]. 2013：1637-1644.

[113] ZHOU B，GARCIA A L，XIAO J，et al. Learning deep features for scene recognition using places database［J］. Advances in Neural Information Processing Systems，2015.

[114] LE Q V，ZOU W Y，YEUNG S Y，et al. Learning hierarchical invariant spatio-temporal features for action recognition with independent subspace analysis［C］. Computer Vision and Pattern Recognition（CVPR），2011：3361-3368.

[115] KARPATHY A，TODERICI G，SHETTY S，et al. Large-scale video classification with convolutional neural networks［C］. IEEE Conference on Computer Vision and Pattern Recognition (CVPR)，2014：1725-1732.

[116] SIMONYAN K，ZISSERMAN A. Two-stream convolutional networks for action recognition in videos[J]. Advances in Neural Information Processing Systems，2014，1(4)：568-576.

第 2 章

相 关 技 术

本章主要介绍智能视频数据处理与挖掘的相关技术,从稀疏字典学习、视频的时空相似性学习、视频特征提取、视频超分辨率重建、视频异常事件检测、视频异常事件识别等方面对相关技术的主要思想和发展现状进行了阐述。

2.1　稀疏字典学习

成像过程中的随机噪声不可避免,因此通常可以将成像过程描述如式(2-1)所示。其中 $\boldsymbol{X}_\mathrm{H}$ 为原始图像, $\boldsymbol{X}_\mathrm{L}$ 为在多层噪声干扰下实际得到的图像。噪声分为加性噪声 $\boldsymbol{N}_k$ 和乘性噪声 $\boldsymbol{B}_k$（环境噪声 $\boldsymbol{B}_k^{(1)}$、成像噪声 $\boldsymbol{B}_k^{(2)}$ 以及运动变化产生的 $\boldsymbol{M}_k$）[1]。由于噪声具有不确定性,因此式(2-1)是一个病态方程。一种比较常用的去噪方法是利用稀疏字典将图像变换到稀疏域,基于噪声一般具有较低编码值的原则实现噪声和图像有效信息的区分。

$$\boldsymbol{X}_\mathrm{L} = \boldsymbol{B}_k^{(2)} \boldsymbol{M}_k \boldsymbol{B}_k^{(1)} \boldsymbol{X}_\mathrm{H} + \boldsymbol{N}_k , \quad k = 1, \cdots, n \qquad (2\text{-}1)$$

稀疏去噪的核心在于稀疏字典的构建,而稀疏字典构建的方法又可以分为学习方法和解析方法。基于学习的稀疏字典构造方法通过迭代更新字典和对应的稀疏表示,实现稀疏性约束[2]。基于解析的方法则基于已知的数学变换或先验约束进行字典构造[3]。但是为了更好地利用块间的相关性,将解析方法和学习方法结合起来是现在比较常用的处理方法[4]。从而将字典学习过程转换成了低秩矩阵生成和分解的问题。

2.1.1　低秩矩阵的生成

低秩矩阵是指秩远小于矩阵的行或列的矩阵。从稀疏表示的角度看,矩阵的低秩性等同于矩阵分解后特征值向量的稀疏性[5]。低秩矩阵的生成一般基于自然界图像的非局部相似性,通过图像块的分类或聚类得到。这里的非局部相似性也可以称作非局部稀疏性。

将分类思想用于非局部稀疏领域的方法主要是 K 近邻(KNN,K-nearest neighbor)算法。这是由于非局部稀疏性是一个较为模糊的概念,很多时候并不能对类别进行清晰的定义。相比于其他分类算法,K 近邻以其较少的计算量在计算复杂度较高的图像去噪[6,7]、重建[8]领域获得了广泛的应用,常常直接作用在待重建图像上,将邻域图像块集与待重建图像块的相似程度作为分类的评判标准。相似性程度一般用欧式距离进行度量。分类得到的图像块集可以用于解析稀疏字典的生成或者作为学习字典的选择依据。

而从基于学习的字典构建的角度来说,非局部稀疏性的应用往往是通过聚类实现的,而聚类算法则常应用在训练图像块集上[9]。对不同类别的低秩矩阵分解并进行稀疏性约束可以得到不同的稀疏字典。较典型的字典生成算法可以获得更准确的稀疏特征提取效果以及更加快速的字典收敛速度。聚类算法的应用往往比较多样,如 Xu[10] 使用高斯混合模型(GMM,Gaussian mixture model),Sahoo[11] 则使用 k 均值算法,都获得了较好的去噪效果。

2.1.2　低秩矩阵的分解

低秩矩阵优化问题如式(2-2)所示,这里假设输入矩阵 X 无信息丢失。其中 L_p 表示 p 范数,L_2 范数是一种较常使用的约束条件。L_2 范数的可微性使得该问题是一个凸优化问题且存在封闭解,即 SVD 分解。但是 L_2 范数一般只适用于处理高斯白噪声,对于真实情况下与分布无关的噪声适用性并不是特别理想。基于这个问题,研究者们开始尝试用 MoG[12] 或 MoEP[13] 分布来拟合未知的噪声分布,以提高算法对混合噪声的适应能力。

$$\min_{U,V} \| X - UV^{\mathrm{T}} \|_{L_p} \tag{2-2}$$

从低秩矩阵分解(LRMF:low-rank matrix factorization)的角度,输入图像或矩阵 X 可以表示成式(2-3):

$$X = UV^{\mathrm{T}} + \varepsilon \tag{2-3}$$

其中:ε 是噪声矩阵。假设服从混合高斯分布 $p(\varepsilon) = \sum_{k=1}^{K} \pi_k N(\varepsilon | 0, \sigma_k^2)$,其中 π_k 为属于第 k 类的概率;X 的似然函数如式(2-4)所示。

$$p(X \mid U,V,\Pi,\Sigma) = \prod_{i,j\in\Omega} p(x_{ij} \mid (u^i)^{\mathrm{T}} v^j, \Pi, \Sigma) = \prod_{i,j\in\Omega} \sum_{k=1}^{K} \pi_k N(x_{ij} \mid (u^i)^{\mathrm{T}} v^j, \sigma_k^2)$$

(2-4)

其中：$\Pi = \{\pi_1, \pi_2, \cdots, \pi_K\}$，$\Sigma = \{\sigma_1^2, \sigma_2^2, \cdots, \sigma_K^2\}$。

所以，基于 MoG 噪声分布的稀疏字典求解过程等同于最大化 X 的似然函数。这个最优化问题可以利用最大期望（EM，expectation maximization）算法求解。其中 E 步求解所有高斯分量的期望，M 步根据得到的混合高斯分布实现未知参数 U, V, Π, Σ 的更新。

2.2 视频的时空相似性学习

视频的一个特性便是相邻帧间内容差距较小，上一帧中存在的目标一般在下一帧中也存在，若干帧互相补充，实现对一个目标的完整刻画。同时，图像本身也存在着非局部的相似性，即图像在某一位置存在的纹理信息在图像本身甚至是其他图像中都存在着，也可以说是图像的纹理细节与位置无关。图 2-1 给出了一个简单的例子，对于粗框标注的待重建图像块，在其所在的第 t 帧，存在用细框框出的相似区域，而这种相似区域，在其相邻的若干帧，即 $t-1$、$t+1$ 到 $t+2$ 帧上，也都有存在。由于视频帧间描述的是一种时间上的渐变关系，结合图像本身的空间相似性所描绘的时空相似性在视频重建过程中有着极为重要的作用。

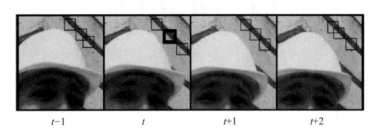

$t-1$ | t | $t+1$ | $t+2$

图 2-1　视频的时空相似性示意图

视频的时空相似性一般用在视频帧间模糊配准的过程中，作为衡量邻域图像块的相似程度的量化标准[14]。而相似性优化便是基于该相似性量化标准过滤后的时空邻域相似性图像片，实现从输入图像块 X 到输出对应高分辨率图像块 Y 的最接近估计。记 X 和 Y 间的重建误差为 ε。通过增加该先验知识作为惩罚项，整个优化过程通过最小化误差平方 ε^2 实现，如式（2-5）所示。

$$\varepsilon^2 = \frac{\lambda}{2}\|\boldsymbol{Y}-\boldsymbol{X}\|_2^2 + \frac{1}{4}\sum_{(k,l)\in\Omega}\sum_{t\in[1,\cdots,T]}\sum_{(i,j)\in N(k,l)}\omega[k,l,i,j,t]\|\boldsymbol{R}_{Y(k,l)}-\boldsymbol{R}_{X(i,j,t)}\|_2^2$$

$$(2\text{-}5)$$

其中:Ω表示该视频帧上待重建图像块集;$\boldsymbol{R}_{Y(k,l)}$描述当前以(k,l)为中心的高分辨率重建图像块;$\boldsymbol{R}_{X(i,j,t)}$描述待重建视频第$t$帧以$(i,j)$为中心的图像块;$t$描述优化过程中搜索的时域窗口;$N(k,l)$为以$(k,l)$为中心的搜索空间域窗口;$\omega[k,l,i,j,t]$为时空相似性量化权重;$\lambda$为加权系数。

最小化式(2-5)的过程等同于求解ε^2相对未知量X的二阶导数为零的方程,如式(2-6)。根据文献[14]的推导过程,可以得到该方程的封闭解,如式(2-7)所示。重建Ω内所有的图像块,便可以得到最终的高分辨率优化结果$\widetilde{\boldsymbol{X}}$。

$$\frac{\partial\varepsilon^2}{\partial\boldsymbol{x}} = 0 = \lambda(\boldsymbol{Y}-\boldsymbol{X}) +$$

$$\frac{1}{2}\sum_{(k,l)\in\Omega}\sum_{t\in[1,\cdots,T]}\sum_{(i,j)\in N(k,l)}\omega[k,l,i,j,t](\boldsymbol{R}_{Y(k,l)}-\boldsymbol{R}_{X(i,j,t)})^{\mathrm{T}}(\boldsymbol{R}_{Y(k,l)}-\boldsymbol{R}_{X(i,j,t)})\boldsymbol{X}$$

$$(2\text{-}6)$$

$$\widetilde{\boldsymbol{X}}[k,l] = \frac{\sum_{t\in[1,\cdots,T]}\sum_{(i,j)\in N(k,l)}\omega[k,l,i,j,t]\boldsymbol{R}_{X(i,j,t)}}{\sum_{t\in[1,\cdots,T]}\sum_{(i,j)\in N(k,l)}\omega[k,l,i,j,t]}$$

$$(2\text{-}7)$$

2.3 视频特征提取

2.3.1 运动目标检测

运动目标检测的目的是把视频图像中的运动区域从背景中分离出来,单幅静止图像$f(x,y)$是空间位置(x,y)的函数,由于与时间t无关,所以不能对运动目标的情况进行描述,每一幅图像序列称为一帧,包含时间参数t的图像序列可表示为$f(x,y,t)$,由于获取每一帧图像的时间间隔是一样的,所以也可表示为$f(x,y,i)$,其中i为图像帧数。随着应用需求的增加,人们希望运动目标检测算法能在无人工干预的情况下进行自动检测。目前,帧间差分法和背景差法是实时系统中两种常用的运动目标检测算法。

帧间差分法是通过对视频图像序列前后相邻的两帧图像作差分运算以获取运动目

标区域的方法,当存在多个运动目标和在摄像机移动的情况下,帧间差分法均有很好的适应性。当监控视频中出现运动目标时,相邻帧的图像会有比较明显的差别,将两帧相减,可以得到两帧图像像素差的绝对值,如果该绝对值大于设定的阈值则认为视频图像中存在运动目标。具体做法是:将视频相邻两帧图像的全部像素点进行逐一相减,得到差分图,给差分图设定一个合适的阈值 T,然后将差分图中的每一个差分值和阈值 T 进行比较,如果大于阈值则对应的像素值为 1,否则为 0,最后像素值为 1 的区域即为运动目标区域,可表示为式(2-8)和式(2-9)。

$$D_k(x,y)=|f_k(x,y)-f_{k-1}(x,y)| \tag{2-8}$$

$$R_k(x,y)=\begin{cases} 0, & D_k(x,y)<T \\ 1, & D_k(x,y)>T \end{cases} \tag{2-9}$$

其中:$f_k(x,y)$ 和 $f_{k-1}(x,y)$ 为视频图像序列中两帧相邻的图像;$D_k(x,y)$ 为得到的差分图像;T 为二值化设定的阈值;$R_k(x,y)$ 为对应的二值图像。

帧间差分法的优点是算法实现简单,程序设计的复杂度低,且对光线等场景变化不太敏感,能够适应各种动态环境,鲁棒性较好。其缺点是不能提取出运动目标的完整区域,只能提取出边界,除此之外,选择的相邻两帧的时间间隔对运动目标的检测效果有很大影响。对于快速运动的目标,应该选择比较小的时间间隔,如果选择得不合适,那么当运动目标在相邻两帧中没有重叠时,会被检测为两个分离的目标;而对于慢速运动的目标,应该选择比较大的时间间隔,如果选择得不合适,那么当运动目标在相邻两帧中几乎完全重叠时,则检测不到目标。所以帧间差分法不适用于检测静止不动的目标,目标像素不能被全部提取出来,很容易在运动目标内部形成"空洞"现象。

背景差法是通过将当前视频图像序列和建立好的背景模型进行比较来提取运动目标区域的方法,因此背景差法的检测效果取决于背景模型的建立方法。具体做法是:先建立背景模型,将视频图像序列每一帧图像每处的像素灰度值和该处对应的背景图像的像素灰度值作差,得到该帧图像的背景差图像,给背景差图像设定一个合适的阈值 T,然后将背景差图像中的每一个像素灰度值和阈值 T 进行比较,如果大于阈值则对应的像素值为 1,否则为 0,最后像素值为 1 的区域即为运动目标区域,可表示为式(2-10)和式(2-11)。

$$D_k(x,y)=|I_k(x,y)-B_k(x,y)| \tag{2-10}$$

$$T_k(x,y)=\begin{cases} 0, & D_k(x,y)<T \\ 1, & D_k(x,y)>T \end{cases} \tag{2-11}$$

其中:$I_k(x,y)$ 表示第 k 帧视频图像序列在 (x,y) 处的像素灰度值,该处的背景灰度值为

$B_k(x,y)$；$D_k(x,y)$为得到的该帧的背景差图像；T为二值化设定的阈值；$T_k(x,y)$为对应的二值图像。

用背景差法来检测运动目标的优点是速度快，检测准确，算法比较简单且易于实现。由于背景差法的关键是背景模型的建立，所以其缺点是易受光照、气候、摄像机抖动等环境变化的影响。在实际应用中，摄像机往往是固定的，所以监控视频中的背景几乎不变，这种情况下通常采用背景差法来进行运动目标的检测。本书基于背景差法来提取视频图像序列中的前景运动目标，和帧间差分法不同的是，背景差法可以实现对静止目标的检测，而且该方法是预先建立背景模型，根据实际场景设定合理的阈值，因此可以检测出运动目标较为完整的轮廓，检测准确率较高。由于背景模型的建立是决定背景差法检测效果的关键因素，所以下面将对几种常用的背景建模方法进行介绍。

2.3.2　背景建模方法

（1）中值法背景建模[15]：其主要思想是取一段时间内的连续 N 帧视频图像序列，将这 N 帧图像序列对应位置的像素点灰度值按从小到大的顺序排列，然后取中间值，将其作为背景图像中对应的像素点的灰度值。

（2）均值法背景建模[16]：其主要思想和中值法背景建模类似，取一段时间内的连续 N 帧视频图像序列，计算得到的这 N 帧图像序列每个像素点灰度值的平均值，将其作为背景图像中对应的像素点的灰度值。均值法背景建模算法比较简单，就是取连续几帧视频图像序列的像素平均值。该算法的优点是效率高，缺点是易受光照、气候、摄像机抖动等环境变化的影响。

（3）卡尔曼滤波器模型[15]：其主要思想是把背景图像当作一种稳态的系统，把前景图像当作一种噪声。采用卡尔曼滤波理论的时域递归低通滤波对变化较慢的背景图像进行预测，通过这种方式可以对背景图像进行实时更新，既确保了背景图像的稳定性，也消除了噪声的影响。

（4）单高斯分布模型[17]：该方法是把视频图像序列中每一帧图像的各个像素点的灰度值当作一个随机过程。同时，假设每个像素点的灰度值出现的概率均服从高斯分布，可表示为式（2-12）。

$$P(I(\mathbf{x},y,t)) = \eta(\mathbf{x}, \mu_t, \sigma_t) = \frac{1}{\sqrt{2\pi}\sigma_1} e^{\frac{(x-\mu_t)^2}{2\sigma_t^2}} \tag{2-12}$$

其中：$\mathbf{x}$ 是维度为 d 的列向量；μ_t 是模型期望；σ_t 是模型方差。

综合考虑目前各种背景建模方法在复杂环境下的鲁棒性和运行速度,本书采用基于混合高斯模型的背景建模方法,对原始视频图像进行背景建模和前景检测,提取前景目标,将在第 6 章进行详细介绍。

2.3.3 行为特征表示

在智能视频监控中人群的站立、行走等行为都属于正常行为,而人群突然的惊慌四散、快速奔跑、拥堵、踩踏、打架斗殴、扔东西等行为都属于异常行为,我们希望通过某种方式来描述这些人群行为,将人群行为进行量化,然后对量化后的结果进行训练学习,从而达到异常事件检测的目的,这个人群行为的量化结果就表示为人群的行为特征。

用来表征人群行为的特征描述子有很多,LBP(局部二值模式)特征[18]和 Haar 特征(矩阵特征)最早用于人脸识别,后来也被用于监控视频中人群行为的识别。HOG(方向梯度直方图)特征[1]是智能视频图像处理和计算机视觉领域中用来检测物体的特征描述子,它对人群的检测效果非常好。三维梯度特征[19,20]是一种时空运动特征,反映了人群的运动信息。在光流法中常采用人群的平均动能、运动方向信息熵和归一化帧间互信息量作为人群行为特征的描述子。其中:人群的平均动能反映了人群运动的剧烈程度,通过该描述子可以区分人群的正常行走和奔跑,对于人群突然奔跑的异常事件也能准确地检测出来;人群的运动方向信息熵反映了人群运动方向的分散性,用来描述人群的混乱程度,通过该描述子可以检测出人群的聚集、扩散、无规则的动乱等异常事件;人群的归一化帧间互信息量反映了人群运动模式变化的程度,在智能视频监控中,踩踏、打架斗殴这类异常事件的发生都是人群的运动模式发生了突然改变。

光流法是行为特征表示和运动估计的常用方法之一,其基本思想是给视频图像中各个像素点赋予一个速度矢量[21],形成图像运动场,在某个时刻,根据投影关系可得到图像上的点和 3D 物体上的点的一一对应关系,由速度矢量可以计算出物体运动特征的描述子,从而实现对视频图像的动态分析。

假设有一个连续的视频图像序列。坐标(x,y)在时刻 t 的灰度值表示为 $f(x,y,t)$。用一个能反映时间和位置关系的联合函数来表示视频图像序列,将其进行泰勒展开,可表示为式(2-13)。

$$f(x+\mathrm{d}x,y+\mathrm{d}y,t+\mathrm{d}t)=f(x,y,t)+f_x\mathrm{d}x+f_y\mathrm{d}y+f_t\mathrm{d}t+o(\partial^2) \qquad (2-13)$$

其中:f_x、f_y、f_t 分别表示为 f 的偏导数。假设时间 t 内像素(x,y)的直接邻域被移动的距离为$(\mathrm{d}x,\mathrm{d}y)$,那么 $\mathrm{d}x$、$\mathrm{d}y$、$\mathrm{d}t$ 满足式(2-14)。

$$f(x+\mathrm{d}x, y+\mathrm{d}y, t+\mathrm{d}t) = f(x, y, t) \tag{2-14}$$

如果 $\mathrm{d}x$、$\mathrm{d}y$、$\mathrm{d}t$ 足够小，就可以忽略不计式(2-13)中的高阶项，如式(2-15)。

$$-f_t = f_x \frac{\mathrm{d}x}{\mathrm{d}t} + f_y \frac{\mathrm{d}y}{\mathrm{d}t} \tag{2-15}$$

式(2-15)即光流方程。令 $u = \dfrac{\mathrm{d}x}{\mathrm{d}t}$，$v = \dfrac{\mathrm{d}y}{\mathrm{d}t}$，光流方程可表示为式(2-16)。

$$f_x u + f_y u = -f_t \tag{2-16}$$

目标就是计算速度 (u, v)。光流方程中有两个未知变量，要求出光流场的解需添加其他约束条件，这就形成了两种典型的计算光流场的方法：Horn-Schunck 算法[22] 和 Lucas-Kanade 算法[23]。但是根据光流矢量来计算运动特征较为复杂，时间消耗大，很难做到实时性，而且光流法假设视频图像中物体的亮度不随时间变化、邻近点的运动方式相似[24]，因此不能很好地表示复杂的运动信息。本书采用基于时空梯度模型的特征提取方法来提取人群的行为特征，和传统的光流法相比，可以更好地反映人群的运动模式。

2.4　基于深度学习模型的视频超分辨率重建

深度学习脱胎于神经网络，它试图通过更深、更复杂的网络结构得到一个更高维度、更抽象的数据表示结构，在图像、语音和自然语言处理等领域都得到了显著的成功。卷积神经网络是深度学习模型中在图像处理领域应用较为广泛的一个模型。一种原因在于卷积操作的区部感知野和权值共享特性有助于发现图像中存在的非局部特征模式。传统的卷积神经网络一般由若干个卷积层和池化层堆叠在一起之后，跟若干全连接层连接实现。其中卷积层负责实现特征的抽取，池化层去除比较相近的特征，全连接层将局部的特征转换成全局的特征。但是，当其应用在图像重建的领域时，为了避免细节信息的丢失，常采用的卷积网络都是全卷积的结构。

2.4.1　基于深度卷积神经网络的超分辨率重建算法概述

基于深度卷积神经网络的超分辨率重建(SRCNN)模型是较早应用在图像超分辨率处理领域的网络模型之一。通过对基于稀疏表示的超分辨率算法进行研究，可以发现一般由块抽取和表达、非线性映射、超分辨率重建三个步骤组成，如图 2-2 所示。通过对上述结构进行分析，Dong[25] 提出了如图 2-3 所示的基于深度卷积神经网络的超分辨率重建算法,将关联映射学习模型改成了深度卷积神经网络学习模型。

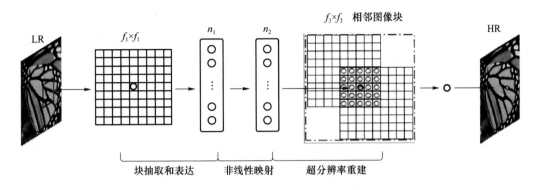

图 2-2　基于稀疏重建的超分辨率重建算法结构

通过对比图 2-2 和图 2-3,并假设输入图像为 1 维。稀疏重建模型在块抽取和表达部分抽取 $f_1 \times f_1$ 的图像块,并通过维度为 n_1 的稀疏字典生成对应的低分辨率稀疏表示。从矩阵运算角度看,这一操作等同于利用 n_1 个 $f_1 \times f_1$ 的卷积核对输入图像进行卷积操作,输出为 $(N-f_1+1) \times (M-f_1+1) \times n_1$ 的三维矩阵,即该低分辨率图像对应的 $(N-f_1+1) \times (M-f_1+1)$ 个图像块对应的 n_1 维稀疏表示。其中 N 和 M 分别表示输入图像的长和宽。

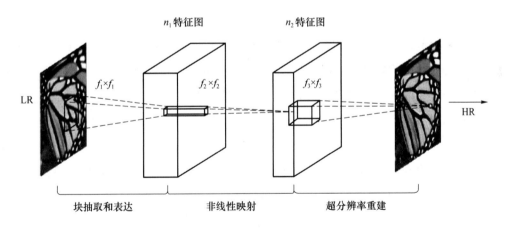

图 2-3　基于深度卷积神经网络的超分辨率重建算法结构

类似的,超分辨率重建部分是块抽取和表达部分的逆过程,通过对维度为 n_2 的稀疏表示进行稀疏反编码操作,生成对应的 $f_3 \times f_3$ 图像块,并通过重叠加权,生成最后的输出结果。假设 $N'=(N-f_1-f_2+2)$ 和 $M'=(M-f_1-f_2+2)$ 分别是卷积神经网络第二层输出结果的尺寸,上述反编码操作同等于对 $N' \times M' \times n_2$ 的矩阵做一次 $n_2 \times f_3 \times f_3$ 卷积操作,输出结果为高分辨率图像块。

非线性映射部分用于求解 n_1 维稀疏表示和 n_2 维稀疏表示之间的关联关系。这个操作在稀疏重建算法中一般通过线性回归、支持向量回归等算法学习得到。但是由于神经网络本身就是用来自动学习输入与输出之间关系的模型,不再需要额外的机器学习模型进行手动设置,从而可以将三个步骤用一个统一的模型表述,如式(2-17)所示。

$$F_i(Y) = \max(0, W_i * F_{i-1}(Y) + B_i) \tag{2-17}$$

其中:$\{W_i\}$ 和 $\{B_i\}$ 分别表示卷积神经网络各层的卷积核参数和对应的偏差;i 为重建过程卷积神经网络的层数,其中 $F_0(Y)$ 即输入图像。

2.4.2 深度卷积神经网络在超分辨率重建算法中的应用

SRCNN 模型证明了深度卷积神经网络在图像超分辨率重建上的可行性,但是该模型依旧停留在基于稀疏重建的超分辨率算法的思路上,并没有实现对深度网络的充分利用。如何用更深的网络获得一个更高效的表达模型,是现阶段研究的一个重点方向。一种做法是通过残差卷积神经网络学习,提高学习步长,获得更快的收敛速度[27];另一种做法便是通过增加反卷积操作,将作用在低分辨率插值估计上的网络改成直接作用在低分辨率输入上的网络,通过减少数据量达到性能提升的目的[26,28]。下面将对这两种模型进行简单介绍。

图 2-4 所示为 Kim[27] 提出的 VDSR 模型的基本网络结构,与图 2-3 对比可以发现除了更加深的网络结构之外,其设计都通过非线性单元(ReLUs)激活的全卷积神经网络实现。但是,SRCNN 的设计结构在更深的网络模型下极易发生过拟合,从而不能得到预期的拟合结果。为了解决这个问题,基于图像的输入输出并不存在显著的差异,VDSR 引入了残差学习[29]的思想。由于残差在本质上是一个稀疏矩阵,从而可以通过增加学习率获得一个更快的学习速度。另外,VDSR 是一个多尺度神经网络,它提供了不同尺度下的参数集,用于实现对不同倍率超分辨率处理的支持。

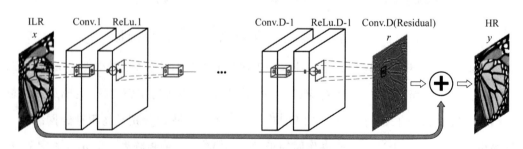

图 2-4　VDSR 网络结构

Dong[26]提出的 FSRCNN 模型的基本结构如图 2-5 所示。该算法直接在低分辨率图像块上进行特征提取而不进行初步的插值估计操作,并在第二步通过较小的卷积核减少所提取低分辨率特征的维度。不同于 SRCNN 模型,FSRCNN 模型在映射步骤增加了更多的网络层,提高了网络对非线性关系的表达能力,最后通过反卷积操作实现了图像的超分辨率重建。使用反卷积操作而不是传统的插值放大[30]的一个优点在于可以直接对提取到的高分辨率特征进行反重建。同时,与先上采样再卷积[31]的方法对比,学习得到的反卷积核也是有实际意义的图像特征。

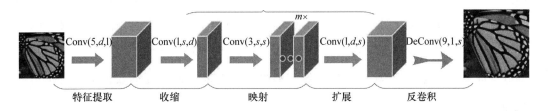

图 2-5 FSRCNN 网络结构

2.5 视频异常事件检测

2.5.1 基于深度学习的异常事件检测方法

近年来,深度学习发展迅速,在计算机视觉和视频理解的各个领域取得了突破性的进展,比如行为识别、目标检测、视频字幕等。在行为识别方面,文献[32]提出了一种名为双流三维卷积网络融合的端到端流水线,它可以利用多种特征来识别视频中的人类行为。Z. Liu 等[33]构建了三维卷积深度神经网络自动学习人体行为的时空特征,然后使用 Softmax 分类器进行人体行为的分类识别。在目标检测方面,C. Zhong 等[34]提出了一种运动行人检测方法,首先利用前景检测方法提取出视频图像中的运动区域作为待检测目标,再利用深度卷积网络模型进行特征提取,并结合支持向量机进行行人检测,实验结果表明,该方法的检测时间是常规的窗口选择模式检测时间的十四分之一,并能达到每秒15 帧的处理速度。在视频字幕方面,L. Gao 等[35]提出了一个名为 aLSTMs 的端到端框架,它是一个基于注意力的 LSTM 模型,具有语义一致性,可以将视频转换为自然语句。该方法既考虑了注意力机制可以选择显著的特征,也考虑了句子语义与视觉内容之间的相关性。最重要的是,由于深层架构可以通过多层次的非线性变换学习到丰富且可区分的特征,以上基于深度学习的视频理解方法也可应用于异常事件检测[36]。

此外,最近的一些工作提出将深度学习用于异常事件检测。例如,Xu 等[36]提出了基于外观和运动深度网络(AMDN)的无监督深度学习框架,基于多个叠层去噪自动编码器学习外观和运动特征以及它们的联合表示,通过使用多个分类 SVM 模型来预测每个输入的异常分数,然后将其与晚期融合策略整合以用于最终的异常检测。Zhou 等人[37]利用空时卷积神经网络检测和定位拥挤场景视频序列中的异常活动,通过执行空间-时间卷积分别从空间和时间维度提取特征,由此获取在连续帧中编码的外观和运动信息。Feng 等人[38]使用无监督深度学习框架 PCANet 同时提取外观和运动特征,通过观测正常事件建立深度高斯混合模型,异常事件的检测在参数相对较少的情况下取得了有竞争力的性能。

然而,尽管深度学习方法可以自动学习特征表示,但深度学习目前尚缺乏理论基础,模型过于黑盒,难以解释,且深度学习模型的建立需要大量的训练数据,深度学习在大规模数据量的情况下优势更为明显,而有些特定领域的任务可能没有足够多的数据,正如旅游景区视频中的异常事件检测,现实世界中的景区视频很难获取,网上的资源有限,且视频中的异常事件类型众多,难以定义和标注。不同于深度学习方法,本书提出的基于稀疏组合学习的视频异常事件检测方法在不依赖大规模数据量和很长训练时间的情况下具有良好的鲁棒性和时效性,可以实现视频异常事件的实时检测,有效解决了视频中背景信息干扰和检测效率低的问题,将在第 7 章进行详细介绍。

2.5.2　基于稀疏表示的异常事件检测方法

正如 2.5.1 节中提到的深度学习方法在视频异常事件检测领域存在一些弊端,因此,尽管深度学习近些年非常流行,也没有阻挡传统异常事件检测方法的发展。

R. Zhang 等[39]第一次将基于自相似性的分形分析用于数据流的异常检测,提出的分形模型描述了数据流的突发行为,可以以更少的空间和时间消耗实现更高的准确率。J. Zhu等[40]提出了实时离群值异常检测算法,通过历史轨迹数据集和流行路线来检测异常轨迹,加快了异常检测的过程。在众多传统的异常事件检测方法中,稀疏表示是比较常用的一种方法,因为它可以达到比较高的检测准确率。这类方法通常只针对正常事件进行训练,训练后可以得到若干基向量,这些基向量对于正常事件具有很小的重构误差。

具体来说,稀疏表示是将正常事件建模为一组基本原子线性组合的一般性约束[41,42]。给定训练特征$[F_1,\cdots,F_n]$,在稀疏先验下可学习到一个正常模式的字典$D\in R^{m\times b}$。在测试阶段对一个新特征F,通过将D中元素进行稀疏组合来重构F,表示为式(2-18)。

$$\min_{\alpha}\|F-D\alpha\|_2^2 \qquad s.t. \qquad \|\alpha\|_0\leqslant c \qquad (2-18)$$

其中:$\alpha\in R^{b\times 1}$包含稀疏系数;$\|F-D\alpha\|_2^2$是数据拟合项;$\|\alpha\|_0$是稀疏正则化项;$c(\ll b)$是用来控制稀疏的参数。通过这个表示,一个异常模式可被定义为由$\|F-D\alpha\|_2^2$引起的比较大的误差。

虽然稀疏表示方法的检测精度高,但是在测试阶段要花费很长时间。其目的是从规模为b的字典中找到合适的规模为c的基向量来表示测试数据F,其搜索空间很大,而且从b中选c个基向量存在不同的组合。因此,本书采用稀疏组合学习算法建立视频的异常事件检测模型,以解决稀疏表示存在的效率问题。

2.6 视频异常事件识别

目前,有很多预处理卷积网络模型可用于提取视频图像特征,从而识别视频中的异常事件,其中二维卷积神经网络(2D CNN)最为常用。但是二维卷积神经网络仅使用 2D 卷积和 2D 池化操作,不能在网络中传播时间信号,因此丢失了输入视频的时间信息[43]。和二维卷积神经网络相比,时空深度卷积神经网络(3D CNN,简称为 C3D)使用 3D 卷积和 3D 池化操作,可以在时间和空间域上学习视频中的高层语义特征,同时建模空间和时间信息。图 2-6 表明了二者的差异。

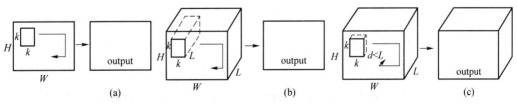

(a) 2D卷积作用于图像,输出的为图像; (b) 2D卷积作用于视频图像序列,输出的也是图像;
(c) 3D卷积作用于视频图像序列,输出的为另一个视频图像序列

图 2-6 2D 和 3D 卷积操作对比

当 2D 卷积作用于图像时,输出的为图像。当 2D 卷积作用于视频图像序列(多个视频帧可看作多个通道),输出的也是图像。而当 3D 卷积作用于视频图像序列时,输出的则为另一个视频图像序列。由此可以看出,二维卷积神经网络在执行每个卷积操作后会丢失其输入信号的时间信息,而时空深度卷积神经网络能够保留输入的时间信号。2D 池化和 3D 池化同理。文献[45]中,虽然时间流网络的输入为多帧图像,但是其输入信号的时间信息在第一个 2D 卷积操作后就被全部折叠了。文献[44]中的融合模型同样使用了 2D 卷积,使得大多数网络在首次卷积操作后丢失了输入的时间信号。

虽然时空深度卷积神经网络比二维卷积神经网络能更好地保留输入信号的时空信息,然而目前大多数深度网络需要固定大小和长度的输入视频,在一定程度上降低了视频分析的质量,影响了视频异常事件识别的准确率。因此,本书提出了一种基于时空感知深度网络的视频异常事件识别算法,解决了现有基于深度学习的异常事件识别方法不能很好地建模时间信号,以及深度网络对输入视频大小和长度的限制的问题,将在第 8 章进行详细介绍。

本 章 小 结

本章从稀疏字典学习、视频的时空相似性学习、视频特征提取、视频超分辨率重建、视频异常事件检测和视频异常事件识别等方面对视频数据智能处理与挖掘的相关技术进行了概述。首先,2.1 节论述了常用的稀疏字典学习算法,并对低秩矩阵分解算法和盲噪声估计算法的结合原理进行简单的概述。2.2 节介绍了视频处理过程中时空相似性学习方法,为视频去噪和超分辨率重建提供了理论支持。2.3 节介绍了视频特征提取中涉及的几种常用的运动目标检测和背景建模方法,并对行为特征表示进行了概述,引出本书第 6 章提出的视频显著性时空特征提取算法。2.4 节对深度学习,特别是深度卷积神经网络在图像和视频超分辨率重建领域的应用进行了系统的介绍,分析了当前应用网络模型的发展方向并进行了对比分析。2.5 节对视频异常事件检测的相关技术进行了介绍,通过分析目前基于深度学习的异常事件检测方法和基于稀疏表示的异常事件检测方法的发展现状及存在的问题,引出本书第 7 章提出的基于稀疏组合学习的视频异常事件检测算法。最后,2.6 节对视频异常事件识别的相关技术进行了介绍,通过分析目前基于深度神经网络的异常事件识别方法存在的问题,引出本书第 8 章提出的基于时空感知深度网络的视频异常事件识别算法。

参 考 文 献

[1] 苏衡,周杰,张志浩. 超分辨率图像重建方法综述[J]. 自动化学报,2013,08:1202-1213.

[2] DAI W, XU T, WANG W. Simultaneous codeword optimization (SimCO) for dictionary update and learning[J]. IEEE Transactions on Signal Processing, 2012,60(12):6340-6353.

[3] YI S, LAI Z, HE Z, et al. Joint sparse principal component analysis[J]. Pattern Recognition,2017,61:524-536.

[4] DONG W, SHI G, LI X, et al. Compressive sensing via nonlocal low-rank regularization[J]. IEEE Transactions on Image Processing, 2014,23(8):3618-3632.

[5] 彭义刚,索津莉,戴琼海,等. 从压缩传感到低秩矩阵恢复:理论与应用[J]. 自动化学报,2013,07:981-994.

[6] JJIANG J, ZHANG L, YANG J. Mixed noise removal by weighted encoding with sparse nonlocal regularization[J]. IEEE Transactions on Image Processing, 2014, 23(6):2651-2662.

[7] CHEN L, LIU L, CHEN C L P. A robust bi-sparsity model with non-local regularization for mixed noise reduction[J]. Information Sciences, 2016,354:101-111.

[8] WEI J, HUANG Y, LU K, et al. Nonlocal low-rank-based compressed sensing for remote sensing image reconstruction[J]. IEEE Geoscience and Remote Sensing Letters, 2016,13(10):1557-1561.

[9] GU S, ZHANG L, ZUO W, et al. Weighted nuclear norm minimization with application to image denoising[C]. IEEE Conference on Computer Vision and

Pattern Recognition，2014：2862-2869.

[10] XU J，ZHANG L，ZUO W，et al. Patch group based nonlocal self-similarity prior learning for image denoising [C]. IEEE Conference on Computer Vision，2015：244-252.

[11] SAHOO S K，MAKUR A. Sparse sequential generalization of k-means for dictionary training on noisy signals[J]. Signal Processing，2016.

[12] MENG D，TORRE F D L. Robust matrix factorization with unknown noise. IEEE international conference on computer vision [C]. 2013：1337-1344.

[13] CAO X，CHEN Y，ZHAO Q，et al. Low-rank matrix factorization under general mixture noise distributions [C]. IEEE International Conference on Computer Vision. 2015：1493-1501.

[14] PROTTER M，ELAD M，TAKEDA H，et al. Generalizing the nonlocal-means to super-resolution reconstruction [J]. IEEE Transactions on Image Processing，2009，18(1)：36-51.

[15] 李海霞，范红. 基于背景差法的几种背景建模方法的研究[J]. 工业控制计算机，2012，25(7)：62-64.

[16] 左军毅，潘泉，梁彦，等. 基于模型切换的自适应背景建模方法[J]. 自动化学报，2007，33(5)：467-473.

[17] 王永忠，梁彦，潘泉，等. 基于自适应混合高斯模型的时空背景建模[J]. 自动化学报，2009，(4)：371-378.

[18] 毛世彪. 复杂环境下人群异常状态检测方法研究[D]. 重庆：重庆大学，2014.

[19] LI W X，MAHADEVAN V，VASCONCELOS N. asconcelos. Anomaly detection and localization in crowded scenes [C]. IEEE Transactions on Pattern Analysis and Machine Intelligence，2014，36(1)：18-32.

[20] CHEN K W，CHEN Y T，FANG W H. Video anomaly detection and localization using hierarchical feature representation and Gaussian process regression[C]. IEEE Conf. Computer Vision and Pattern Recognition (CVPR)，2015，24(12)：5288-5301.

[21] BROX T，BRUHN A，PAPENBERG N，et al. High accuracy optical flow estimation based on a theory for warping[M]. Computer Vision-ECCV 2004. Springer Berlin

Heidelberg，2004：25-36.

[22] HORN B, SCHUNCK B. Determining optical flow[J]. Artificial Intelligence，1981，(17)：185-203.

[23] LUCAS, B, KANADE T. An iterative image registration technique with an application to stereo vision[C]. In Proc. Seventh International Joint Conference on Artificial Intelligence，Vancouver，Canada，1981：674-679.

[24] 闫志扬. 视频监控中人群状态分析及异常事件检测方法研究[D]. 天津：天津大学，2013.

[25] DONG C, LOY C, HE K. et al. Image super-resolution using deep convolutional networks [J]. IEEE Transactions on pattern Analysis and machine Intelligence. 2016，38(2)：295-307.

[26] DONG C, LOY C C, TANG X. Accelerating the super-resolution convolutional neural network [C]. European Conference on Computer Vision. Springer International Publishing，2016：391-407.

[27] KIM J, LEE J K, LEE K M. Accurate image super-resolution using very deep convolutional networks [C]. IEEE Conference on Computer Vision and Pattern Recognition，2016：1646-1654.

[28] SHI W, CABALLERO J, HUSZAR F, et al. Real-time single image and video super-resolution using an efficient sub-pixel convolutional neural network [C]. IEEE Conference on Computer Vision and Pattern Recognition，2016：1874-1883.

[29] HE K, ZHANG X, REN S, et al. Deep residual learning for image recognition [J]. Computer Science，2015.

[30] LONG J, SHELHAMER E, DARRELL T. Fully convolutional networks for semantic segmentation [C]. IEEE Conference on Computer Vision and Pattern Recognition. 2015：3431-3440.

[31] DOSOVITSKIY A, TOBIAS S J, BROX T. learning to generate chairs with convolutional neural networks[C]. IEEE Conference on Computer Vision and Pattern Recognition. 2015：1538-1546.

［32］　WANG X, GAO L, WANG P, et al. Two-stream 3D ConvNet fusion for action recognition in videos with arbitrary size and length［J］. IEEE Transactions on Multimedia，2017，20：634-644.

［33］　LIU Z. FENG X, ZHANG J. Action recognition based on deep convolution neural network and depth sequence［J］. Journal of Chongqing University (Natural Science Edition). 2017，40(11)：99-106.

［34］　QIAN C, XU G. Movement pedestrian detection method combined with foreground subtraction and deep learning［J］. Computer and Digital Engineering，2016，44(12)：2396-2399.

［35］　GAO L, GUO Z, ZHANG H, et al. Video captioning with attention-based LSTM and semantic consistency［J］. IEEE Transactions on Multimedia，2017，19(9)：2045-2055.

［36］　XU D, RICCI E, YAN Y, et al. Learning deep representations of appearance and motion for anomalous event detection［J］. 2015.

［37］　ZHOU S, WEI S, ZENG D, et al. Spatial-temporal convolutional neural networks for anomaly detection and localization in crowded scenes［J］. Signal Processing Image Communication，2016，47：358-368.

［38］　FENG Y C, YUAN Y, LU X Q. Learning deep event models for crowd anomaly detection［J］. Neurocomputing，2017，219：548-556.

［39］　ZHANG R, ZHOU M, GONG X, et al. Detecting anomaly in data streams by fractal model［J］. World Wide Web，2015，18(5)：1419-1441.

［40］　ZHU J, JIANG W, LIU A, et al. Effective and efficient trajectory outlier detection based on time-dependent popular route［J］. World Wide Web，2017，20(1)：111-134.

［41］　LI A, MIAO Z J, CEN Y G, et al. Abnormal event detection based on sparse reconstruction in crowded scenes［C］. Proceedings of the IEEE International Conference on Acoustics, Speech and Signal Processing (ICASSP), Shanghai, China，2016：1786-1790.

［42］　REN H, MOESLUND T B. Abnormal event detection using local sparse representation［C］. Proceedings of the IEEE International Conference on Advanced Video and Signal Based

Surveillance，Seoul，South Korea，2014：125-130.

［43］ DU T，BOURDEV L，FERGUS R，et al. Learning spatiotemporal features with 3D convolutional networks［C］. IEEE International Conference on Computer Vision (ICCV)，2015.

［44］ KARPATHY A，TODERICI G，SHETTY S，et al. Large-scale video classification with convolutional neural networks［C］. IEEE Conference on Computer Vision and Pattern Recognition (CVPR)，2014：1725-1732.

［45］ SIMONYAN K，ZISSERMAN A. Two-stream convolutional networks for action recognition in videos［J］. Advances in Neural Information Processing Systems，2014，1(4)：568-576.

第3章
基于残差卷积神经网络的视频去噪

噪声是作用在图像上的不确定性干扰信号，一般有高斯噪声、椒盐噪声、伽马噪声等若干种分类。一些研究者试图从识别噪声类别[1]着手，采用针对性的去噪方法处理不同种类的噪声。从单噪声去除的角度来看，大多数研究者倾向于从噪声服从高斯分布的假设着手[2-3]。一是基于中心极限定理，噪声在基数无限大的前提下近似服从高斯分布；二是因为高斯分布的结构特征决定了其处理起来较为简单。

由于噪声的不确定性，更多情况下，噪声都是随机作用在图像上的，与分布无关。大量的盲噪声去除算法开始成为研究的主流[4, 5]。一种研究方向是通过类似 Bagging 的思想采用混合高斯分布[6, 7]或混合指数分布[8]实现对噪声分布的表示。然而，这些做法只是对未知分布的尽可能逼近，离群点依旧无法处理，甚至会对处理过程产生干扰。

另一种比较通用的研究方向是试图通过多种域变换将不可分图像和噪声信号映射到可分的维度上进行处理。基于稀疏字典的去噪算法[9, 10]属于这一方向，噪声过滤基于较高的稀疏系数对应于图像的结构信息，而较小的系数则一般源自噪声[11]的假设。目前许多相关研究[12-13]都获得了较好的去噪效果，但是即使是在稀疏域，细节信号和噪声信号依旧不是完全可分的。在噪声去除的同时，也去除了一些比较细微的图像纹理。

为了解决上述问题，本章提出了基于残差神经网络的视频去噪算法（ResDN）。首先利用噪声在稀疏域的可分性，对待重建的视频帧进行粗粒度的噪声过滤。对于滤除的残差，采用改进中值滤波去除显著噪声，解决不同噪声方差下映射不一致的问题。在此基础上，利用卷积神经网络在图像重建上的优势实现细节信息的修复，从较细的粒度中恢复破损信息，实现在去除噪声的同时保留细节信息，以获得较好的视觉效果。

3.1　基于残差卷积神经网络的视频去噪算法框架

本章提出的基于残差卷积神经网络的视频去噪(ResDN)算法的结构如图 3-1 所示,主要分为两个部分:基于稀疏去噪的粗粒度噪声滤除部分和基于卷积神经网络的残差细节修复部分。其中第一个部分利用稀疏字典将待重建视频映射到稀疏域,通过阈值过滤将大量的噪声和少量的细节信息滤除并输入卷积神经网络中。第二个部分利用卷积神经网络学习细节信息重建和增强关系。通过预处理对低可信度噪声进行滤除,使去噪问题转变为细节提取问题,有助于神经网络实现对缺失细节信息的补充。从而,可以得到噪声干扰较小且细节信息较为丰富的清晰视频。

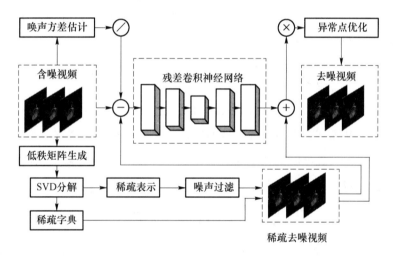

图 3-1　基于残差卷积神经网络的视频去噪算法结构

3.2　基于残差卷积神经网络的视频去噪算法实现

3.2.1　基于低秩矩阵分解的稀疏字典去噪

将含噪视频拆分成帧,可得含噪序列$\{X_t,t\}_{t=1}^{T}$。以待重建视频帧 X_t 为中心,前后各取若干帧用作时域上的先验依赖。重叠去块后,以欧式距离作为相似性度量标准,按照二近邻原则获取每一个待重建图像块的相似性图像块集,生成对应的低秩矩阵,这里记作 M。

稀疏字典生成的目标函数如式(3-1)所示。第一项是低秩矩阵分解的目标函数,同式(2-2)。而第二项则用来确保字典得到的编码向量的稀疏性。这里采用 L_2 范数进行稀疏约束,主要有两个原因:其一,虽然噪声分布是不确定的,但是大部分的噪声分布仍服从高斯分布的条件;其二,L_2 范数具有封闭解方法——SVD 分解。从而式(3-1)可以表示成式(3-2)的形式,其中 M 是输入低秩矩阵,U 是稀疏字典,A 是稀疏编码矩阵。

$$\min \|M - UA\|_2^2 + \kappa \|A\|_2^2 \tag{3-1}$$

$$\min \|M - U\boldsymbol{\Sigma}V^T\|_2^2 + \kappa \|A\|_2^2 \tag{3-2}$$

通过 SVD 分解得到的 V 矩阵满足 $A = \boldsymbol{\Sigma}V^T$ 的条件,使得 $\boldsymbol{\Sigma}$ 矩阵在对低秩矩阵的行间非局部相似性充分利用的同时,增加了对矩阵局部变化的充分利用[14]。记稀疏编码矩阵 $A = [\alpha_i]_1^m$,$V = [v_i]_1^m$,$\boldsymbol{\Sigma} = [\lambda_i]_1^m$。由正交阵的特点可得式(3-3),其中 m 是矩阵的维度(或者是图像块的个数),K 是矩阵的秩。

$$\|A\|_2^2 = \sum_{i=1}^{K} \|\alpha_i\|_2^2 = \sum_{i=1}^{K} \|\lambda_i v_i^T\|_2^2 = \sum_{i=1}^{K} \lambda_i \tag{3-3}$$

将式(3-3)代入式(3-2),可以得到式(3-4)。通过最优化式(3-4)可以得到低秩矩阵 M 的稀疏表示 $\boldsymbol{\Sigma}$,从而实现空域到稀疏域的转换。基于稀疏向量值较小的元素常常是噪声的假设,通过阈值设置可以实现对噪声的滤除。大量研究[14, 15]表明,奇异值分解得到的稀疏表示近似服从 Laplacian 分布,且与噪声方差 σ^2 相关。

$$\min \|M - U\boldsymbol{\Sigma}V^T\|_2^2 + \kappa \sum_{i=1}^{K} \lambda_i \tag{3-4}$$

假设 M 服从 $N(0, \sigma^2)$ 的高斯分布,α 服从 $\mathscr{L}(0, s)$ 拉普拉斯分布,s 为局部噪声标准差。似然函数 $P(\alpha | X)$ 最大的情况下稀疏表示 α 不是噪声的概率最大。根据最大后验概率估计可得式(3-5)。

$$\arg \max \ln(P(\alpha | M_{k,i})) = \arg \max \{\ln(P(M_{k,i} | \alpha)) + \ln P(\alpha)\}$$

$$= \arg \max \left\{ \|M_{k,i} - D\alpha\|_2^2 + \sum_{i=1}^{p^2} \frac{2\sqrt{2}\sigma^2}{s} |\alpha_n| \right\} \tag{3-5}$$

根据式(3-5),可设过滤阈值如式(3-6)。基于低秩矩阵分解(LRMF)的去噪过程如表 3-1 所示。

$$\kappa = \frac{2\sqrt{2}\sigma^2}{s} \tag{3-6}$$

表 3-1　基于低秩矩阵分解的去噪算法流程图

算法:基于 LRMF 的去噪算法
输入:含噪图像 X
输出:去噪后图像 Y^-
步骤 1:对图像 X 的噪声方差按 $median(\|X\|)/0.6745$ 估计得到初始噪声方差 σ^2
步骤 2:对图像 X 进行重叠分块,得到 $\{X^p\}_1^P$
步骤 3:对每一个图像块 X^p
步骤 3.1:获得 X^p 时空邻域的图像块集,并基于 KNN 算法,得到低秩图像块集 $\{X^{p,i}\}_{i=1}^m$,变形得到低秩矩阵 M_{m*K}
步骤 3.2:对低秩矩阵进行 SVD 分解,得到稀疏表示 Σ、字典 U、V
步骤 3.3:将 $s=\sqrt{\max(0,\lambda_i^2-\sigma^2)}$ 代入式(3-6)更新阈值,并通过阈值对稀疏表示矩阵过滤得到 Σ'
步骤 3.4:根据 $M'=U\Sigma'V^T$ 恢复低秩矩阵,得到去噪图像块 $X^{p'}$
步骤 4:根据去噪图像块集 $\{X^{p'}\}_1^P$ 得到输出 Y'
步骤 5:更新噪声方差 $\sigma^2=\gamma(\sigma^2-\|Y'-X\|_2^2)$
步骤 6:重复步骤 2 到 5,直到满足收敛条件,得到输出去噪图像 Y^-

3.2.2　残差图像预处理

　　基于 LRMF 的去噪算法进行噪声过滤时,由于噪声和细节信息往往很难区分,在噪声滤除的同时,一部分细节信息也随之被抛弃,使得去噪结果通常有些模糊。为了解决这个问题,本章所提算法 ResDN 在去噪后的残差图像上进一步提取和修复细节,在实现噪声去除的同时保留了更多的纹理和结构特征。

　　图 3-2 中显示了不同噪声方差作用下的图像、LRMF 去噪后结果图像以及对应的残差。通过对比图 3-2 中含噪图像以及对应的残差图像,可以发现随着噪声增大,细节信息被隐藏在了大量的噪声中,比如图中的花蕊部分。但对比去噪结果可以发现,低于阈值的稀疏编码都被认为是噪声,所以去噪结果比较接近。而较低的阈值设置,在去除噪声的同时,也将图像细节,如花瓣的纹理、花蕊的轮廓去除。

　　为了解决这个问题,本章对处理后残差进行再处理。通过分析残差图像的残差值可以发现,图 3-2(c-3)中 90% 左右的像素残差都处于 0~90 的范围,50% 左右的像素残差都为 0。这表明残差图像是一个稀疏图像。与此同时,不同噪声方差作用下残差图像的残差分布如图 3-3(a)所示。噪声方差越大,基于 LRMF 去噪算法得到的残差也越大。对比图 3-3(c)可以发现,所得残差大部分均为噪声。

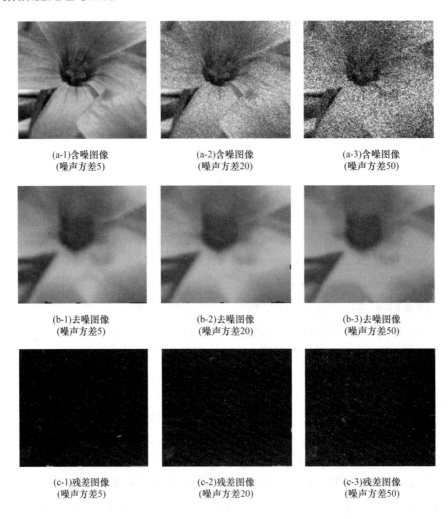

(a-1)含噪图像
(噪声方差5)

(a-2)含噪图像
(噪声方差20)

(a-3)含噪图像
(噪声方差50)

(b-1)去噪图像
(噪声方差5)

(b-2)去噪图像
(噪声方差20)

(b-3)去噪图像
(噪声方差50)

(c-1)残差图像
(噪声方差5)

(c-2)残差图像
(噪声方差20)

(c-3)残差图像
(噪声方差50)

图 3-2　不同噪声方差作用下的图像、LRMF 去噪后结果图像以及对应的残差

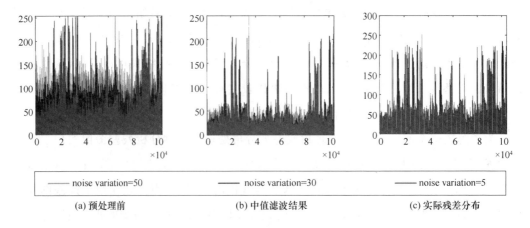

— noise variation=50　　　— noise variation=30　　　— noise variation=5

(a) 预处理前　　　　　　(b) 中值滤波结果　　　　　　(c) 实际残差分布

图 3-3　不同方差下的残差分布

这里假设被噪声污染的重建结果是正确的,即残差结果中不再考虑乘性噪声,所以噪声模型退化成 $R = X_D + N$。为了避免过大的噪声干扰细节信息的提取,结合噪声具有较大残差值的特点,提出如式(3-7)所示的滤波函数对残差图像进行噪声过滤。其中 $\mathrm{median}(\cdot)$ 表示以 (i, j) 为中心,半径为 r 的搜索窗口内的中值,只对残差较大的像素点进行中值修正。修正后的残差分布如图3-3(b)所示,可以发现中值滤波算法滤除了大部分噪声,并使得不同噪声方差作用下的残差趋近于一个相近的分布。

$$R' = \min(\mathrm{median}(R), R) \tag{3-7}$$

3.2.3　卷积神经网络训练

中值滤波主要用来处理椒盐噪声,本质上会损害细节信息,从而导致细节信息出现马赛克等现象。通过对比滤波后残差分布图[图3-3(b)]与实际残差分布图[图3-3(c)],可以明显地发现,中值滤波结果在滤除大量噪声的同时也去除了一部分细节信息。本节利用卷积神经网络对滤波后的残差图像进行细节优化,去除中值模糊以及无关噪声干扰,实现细节信息的再提取。

ResDN算法中所采用的深度学习模型(ResDN-Net)结构如图3-4所示。卷积层1和卷积层2实现输入含噪图像特征提取,并通过添加池化层避免噪声的干扰。不同于传统图像,一般认为较高的残差值含有较大的噪声,所以本章采用min-pooling进行池化。卷积层3到卷积层5实现对提取特征的再处理并输入反卷积层实现图像的恢复。ResDN使用了 1×1 的卷积核对上一层网络的输出进行平滑和整合。这种卷积核在GoogleNet[16]和ResNet[17]中都有采用,通过调整卷积核的数量,可以实现参数的升维和降维。

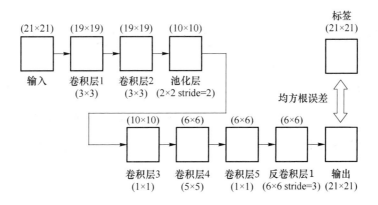

图 3-4　ResDN 网络模型结构

ResDN-Net 的目的在于细节信息提取和修复,本质上仍是一个回归模型。卷积操作在进行特征提取时,输出的特征图像是有尺度衰减的,而 ResDN-Net 作为一个重建模型,期望获得一个和输入图像维度相同的输出。本节采用反卷积层实现图像的上采样和图像特征的聚合。反卷积操作可以视为卷积操作的逆过程,但是本质上实现的是一个翻转卷积(transpose convolution)。总之,ResDN 网络通过使用反卷积层实现了一个可学习的上采样操作。

与一般的卷积神经网络模型类似,ResDN-Net 采用修正线性单元(ReLU,rectified linear units)作为激活函数,进一步提高网络参数的稀疏性约束。为了实现模型输出和标签残差图像的近似,采用均方误差作为代价函数,如式(3-8)所示。均方根误差在数学上等价于欧式距离,但是从图像的角度来看,均方根误差也是图像重建质量的一个评价标准,和图像质量评价常用的评价指标峰值信噪比成反比。所以,最小化均方根误差在描述模型拟合能力的同时,也与图像重建性能挂钩,有助于获得一个较好的重建结果。

$$L(W,B) = \mathrm{MSE}(W,B) = \frac{1}{n} \sum_{i=1}^{n} \| F(R_i,W,B) - X_i \|^2 \qquad (3-8)$$

ResDN-Net 采用的训练数据是基于 Set-91[18]实现的。通过对训练集数据添加方差为 5、10、15、20、30、50 的随机噪声,得到 ResDN 的训练数据。ResDN-Net 的输入是通过对输入视频与稀疏去噪结果视频的残差进行预处理和层叠取块获得的。对应的标签则由真值与稀疏去噪结果视频的残差通过相同的操作生成。利用分布为 $N(0,0.001)$ 的高斯函数随机初始化参数,并采用与标准反向传播结合的随机梯度下降方法,通过多次迭代实现代价函数的最小化。

3.2.4　基于残差卷积神经网络的视频去噪算法的实现步骤

基于残差卷积神经网络的视频去噪(ResDN)算法首先利用稀疏去噪实现图像信息和噪声信息的分离,在噪声信息上进一步提取细节。分离操作的目的是为了避免中值滤波操作对正确结果的干扰,将问题规模转化成破损信息的恢复。算法的实现步骤如表 3-2所示。

表 3-2 基于残差卷积神经网络的视频去噪算法实现步骤

算法:ResDN 算法

输入:含噪视频序列$\{X_t,t\}_{t=1}^T$

输出:去噪后视频序列$\{Y_t,t\}_{t=1}^T$

步骤 1:最优化式(3-4)对含噪视频进行稀疏去噪,得到粗粒度去噪结果$\{Y_t^-,t\}_{t=1}^T$

步骤 2:计算含噪视频和粗粒度去噪结果的残差$\{R_t^0,t\}_{t=1}^T$,利用式(3-7)所示滤波函数对$\{R_t^0,t\}_{t=1}^T$进行滤波,滤波结果记为$\{R_t^1,t\}_{t=1}^T$

步骤 3:将滤波结果作为训练得到的 ResDN-Net 的输入,通过神经网络前向传播得到修复的细节信息$\{R_t,t\}_{t=1}^T$

步骤 4:结合粗粒度估计结果$\{Y_t^-,t\}_{t=1}^T$和细节修复结果$\{R_t,t\}_{t=1}^T$,得到去噪结果$\{Y_t^0,t\}_{t=1}^T=\{Y_t^-+R_t,t\}_{t=1}^T$

步骤 5:对得到的去噪结果,进行奇异点检测和还原优化,得到最后的输出视频$\{Y_t,t\}_{t=1}^T$

3.3 实验结果及分析

为了验证所提算法 ResDN 的有效性,本节在 USC-SIPI 标准视频(http://sipi.usc.edu/database/)和空间视频(http://www.youku.com/)上进行了实验。实验共两组。实验一对不同算法在不同噪声方差下对随机噪声的去噪效果进行了对比分析;实验二对所提算法在相同噪声方差下对不同噪声的去噪效果进行了测试。本节采用的客观评价指标为峰值信噪比 PSNR、结构相似性 SSIM、特征相似性 FSIM 和均方根误差 RMSE。

3.3.1 实验一:不同噪声方差下对随机噪声的去噪效果对比实验

本节主要验证所提算法 ResDN 对不同噪声方差随机噪声的去噪能力。对比算法有 NCSR[19]、SSC_GSM[20] 和 BRFOE[21]。实验中采用的噪声方差分别有 5、10、15、20 四种。由于去噪算法噪声未知,因此对包括 ResDN 在内的去噪算法均按 median($|X|$)/0.674 5进行噪声方差估计,并将其作为噪声处理的初始参考实现去噪系数的选择。表 3-3 到表 3-6 为对比算法在不同视频集下的平均去噪性能评价指标。

表 3-3　不同算法在不同噪声级别下的去噪效果 PSNR 指标值

去噪算法	BRFOE	SSC_GSM	NCSR	ResDN	BRFOE	SSC_GSM	NCSR	ResDN
视频序列	噪声方差＝5				噪声方差＝10			
Akiyo	37.60	41.05	41.15	41.83	31.65	37.55	37.66	38.12
Deer	37.59	39.98	40.17	41.16	31.63	36.37	36.99	37.27
Doll	37.59	40.61	40.92	40.73	31.61	36.00	36.20	37.27
Forman	37.61	39.20	39.06	41.01	31.64	35.98	35.95	36.95
Ice	37.59	41.71	41.63	42.08	31.66	37.57	37.45	38.10
Liquor	37.62	41.38	41.66	42.20	31.70	37.67	37.75	38.04
MissAmerica	37.56	41.27	41.23	42.06	31.69	37.51	37.50	38.13
Mother_Daughter	37.57	39.66	39.78	40.69	31.67	35.64	35.85	36.48
Satellite2	38.04	40.41	40.85	41.75	32.29	36.06	36.40	36.86
Tiger	37.62	38.90	39.31	39.50	31.68	35.26	35.35	35.86
	噪声方差＝15				噪声方差＝20			
Akiyo	28.18	35.29	35.21	35.51	25.75	32.99	33.00	33.04
Deer	28.10	34.58	35.24	35.07	25.62	33.03	33.64	33.13
Doll	28.11	33.79	33.78	34.28	25.61	31.85	31.77	31.85
Forman	28.13	34.49	34.40	34.76	25.67	33.02	32.98	32.65
Ice	28.27	35.33	34.91	35.56	25.80	32.85	32.53	32.60
Liquor	28.22	35.26	35.15	35.30	25.82	33.03	32.98	33.10
MissAmerica	28.27	35.67	35.50	35.97	25.85	33.17	33.13	33.35
Mother_daughter	28.12	33.68	33.80	34.13	25.70	32.06	32.15	32.23
Satellite2	28.93	33.60	33.78	34.19	26.53	31.16	31.41	31.58
Tiger	28.18	33.12	32.97	33.45	25.77	31.08	30.98	31.21

　　所采用的对比算法中，SSC_GSM 和 NCSR 算法是基于稀疏字典的去噪算法。其中，NCSR 基于非局部稀疏性构建解析字典，SSC_GSM 将稀疏编码与高斯尺度混合模型结合起来对去噪算法进行改进。BRFOE 算法也考虑了高斯尺度混合模型，并将该模型同 GFoE (Gaussian field of experts)先验知识结合在一起，实现了去噪上下阈值的自适应选择。通过分析指标评价结果可以发现，所提的算法在大多数视频序列上都可以获得一个较好的重建效果，尤其是在 RMSE 指标上。这表明所重建的视频与实际视频最接近。但是，随着噪声方差的增大，视频中有效信息逐渐减少，包括 ResDN 在内的所有算法的重建性能会逐渐降低。

表 3-4　不同算法在不同噪声级别下的去噪效果 SSIM 指标值

去噪算法	BRFOE	SSC_GSM	NCSR	ResDN	BRFOE	SSC_GSM	NCSR	ResDN
视频序列	噪声方差＝5				噪声方差＝10			
Akiyo	0.903	0.965	0.965	0.969	0.721	0.948	0.948	0.952
Deer	0.924	0.956	0.958	0.967	0.764	0.914	0.925	0.931
Doll	0.898	0.978	0.978	0.958	0.711	0.950	0.952	0.962
Forman	0.915	0.948	0.945	0.964	0.751	0.917	0.917	0.931
Ice	0.899	0.975	0.975	0.977	0.720	0.962	0.961	0.965
Liquor	0.894	0.982	0.982	0.986	0.709	0.967	0.969	0.970
MissAmerica	0.894	0.963	0.963	0.969	0.704	0.939	0.940	0.948
Mother_Daughter	0.909	0.951	0.951	0.960	0.738	0.903	0.908	0.921
Satellite2	0.906	0.972	0.974	0.977	0.745	0.935	0.940	0.944
Tiger	0.929	0.965	0.967	0.974	0.790	0.934	0.935	0.943
	噪声方差＝15				噪声方差＝20			
Akiyo	0.564	0.932	0.932	0.934	0.451	0.911	0.911	0.913
Deer	0.603	0.889	0.901	0.903	0.474	0.859	0.874	0.866
Doll	0.556	0.928	0.930	0.937	0.445	0.904	0.905	0.909
Forman	0.599	0.902	0.901	0.909	0.485	0.883	0.884	0.888
Ice	0.576	0.950	0.949	0.953	0.470	0.934	0.933	0.936
Liquor	0.557	0.953	0.955	0.955	0.453	0.935	0.937	0.939
MissAmerica	0.546	0.924	0.924	0.930	0.430	0.894	0.896	0.903
Mother_daughter	0.580	0.873	0.877	0.888	0.465	0.841	0.845	0.849
Satellite2	0.609	0.894	0.901	0.909	0.505	0.850	0.853	0.871
Tiger	0.660	0.908	0.905	0.916	0.559	0.872	0.870	0.879

表 3-5　不同算法在不同噪声级别下的去噪效果 FSIM 指标值

去噪算法	BRFOE	SSC_GSM	NCSR	ResDN	BRFOE	SSC_GSM	NCSR	ResDN
视频序列	噪声方差＝5				噪声方差＝10			
Akiyo	0.962	0.970	0.970	0.975	0.879	0.950	0.950	0.959
Deer	0.994	0.991	0.992	0.994	0.979	0.968	0.975	0.977
Doll	0.960	0.972	0.973	0.981	0.876	0.934	0.938	0.955
Forman	0.969	0.961	0.960	0.984	0.900	0.929	0.927	0.947

去噪算法	BRFOE	SSC_GSM	NCSR	ResDN	BRFOE	SSC_GSM	NCSR	ResDN
Ice	0.956	0.975	0.975	0.980	0.865	0.955	0.953	0.968
Liquor	0.989	0.993	0.994	0.995	0.961	0.984	0.984	0.986
MissAmerica	0.960	0.970	0.970	0.976	0.876	0.944	0.943	0.956
Mother_Daughter	0.969	0.964	0.966	0.973	0.902	0.916	0.921	0.937
Satellite2	0.960	0.976	0.977	0.983	0.890	0.956	0.955	0.967
Tiger	0.994	0.992	0.993	0.994	0.978	0.979	0.980	0.982
	噪声方差＝15				噪声方差＝20			
Akiyo	0.791	0.933	0.929	0.946	0.715	0.908	0.907	0.927
Deer	0.958	0.949	0.958	0.957	0.933	0.922	0.935	0.931
Doll	0.789	0.902	0.904	0.929	0.711	0.865	0.869	0.896
Forman	0.824	0.909	0.904	0.929	0.754	0.880	0.878	0.905
Ice	0.778	0.937	0.932	0.958	0.703	0.914	0.911	0.940
Liquor	0.920	0.973	0.973	0.977	0.878	0.958	0.960	0.966
MissAmerica	0.794	0.927	0.924	0.943	0.721	0.896	0.896	0.915
Mother_daughter	0.824	0.884	0.886	0.908	0.757	0.850	0.854	0.872
Satellite2	0.817	0.937	0.933	0.955	0.755	0.914	0.909	0.940
Tiger	0.955	0.965	0.964	0.968	0.929	0.943	0.944	0.950

表 3-6　不同算法在不同噪声级别下的去噪效果 RSME 指标值

去噪算法	BRFOE	SSC_GSM	NCSR	ResDN	BRFOE	SSC_GSM	NCSR	ResDN
视频序列	噪声方差＝5				噪声方差＝10			
Akiyo	0.003 7	0.003 6	0.003 6	0.002 0	0.006 6	0.006 1	0.006 1	0.002 9
Deer	0.002 3	0.002 2	0.002 2	0.001 1	0.004 1	0.003 8	0.003 8	0.001 7
Doll	0.003 5	0.003 4	0.003 4	0.001 8	0.006 3	0.005 8	0.005 8	0.002 8
Forman	0.003 8	0.003 9	0.003 9	0.002 0	0.006 8	0.006 4	0.006 4	0.003 2
Ice	0.003 8	0.003 6	0.003 6	0.001 8	0.006 8	0.006 2	0.006 2	0.002 7
Liquor	0.002 2	0.002 1	0.002 0	0.001 0	0.003 9	0.003 6	0.003 6	0.001 6
MissAmerica	0.007 8	0.007 3	0.007 3	0.004 8	0.013 9	0.012 7	0.012 7	0.007 1
Mother_Daughter	0.003 8	0.003 8	0.003 8	0.002 2	0.006 8	0.006 4	0.006 4	0.003 3
Satellite2	0.003 0	0.002 9	0.002 9	0.001 5	0.005 4	0.005 0	0.004 9	0.002 6

续 表

去噪算法	BRFOE	SSC_GSM	NCSR	ResDN	BRFOE	SSC_GSM	NCSR	ResDN
Tiger	0.002 1	0.002 2	0.002 2	0.001 2	0.003 9	0.003 7	0.003 6	0.002 0
	噪声方差＝15				噪声方差＝20			
Akiyo	0.008 2	0.007 6	0.007 6	0.003 6	0.009 1	0.008 6	0.008 6	0.004 3
Deer	0.005 0	0.004 7	0.004 7	0.002 2	0.005 6	0.005 3	0.005 3	0.002 6
Doll	0.007 8	0.007 2	0.007 3	0.003 6	0.008 6	0.008 1	0.008 1	0.004 1
Forman	0.008 4	0.007 8	0.007 9	0.003 9	0.008 7	0.008 8	0.008 8	0.004 3
Ice	0.008 5	0.007 8	0.007 8	0.003 4	0.009 3	0.008 8	0.008 8	0.004 1
Liquor	0.004 8	0.004 5	0.004 5	0.002 2	0.005 3	0.005 1	0.005 0	0.002 6
MissAmerica	0.017 2	0.015 9	0.015 9	0.008 5	0.019 1	0.017 9	0.017 9	0.009 8
Mother_daughter	0.008 4	0.007 9	0.007 9	0.004 1	0.009 3	0.008 8	0.008 8	0.004 7
Satellite2	0.006 6	0.006 2	0.006 1	0.003 4	0.007 3	0.007 1	0.006 9	0.004 4
Tiger	0.004 8	0.004 5	0.004 5	0.002 6	0.005 3	0.005 0	0.005 0	0.003 0

作为一种基于先验知识的自适应去噪算法,BRFOE 对噪声的滤除能力明显弱于其他三种去噪算法。在较低方差噪声的干扰下,SSC_GSM 的去噪性能略低于 NCSR 算法。但是随着噪声方差的增加,SSC_GSM 的性能相较于 NCSR 有所提升,这表明高斯尺度混合模型约束的增加有助于增强对噪声的抗性。而所提的 ResDM 算法,在稀疏去噪的前提下,增加卷积神经网络进行细节重建,可以获得更好的重建性能,尤其是在噪声方差不大的情况下。

为了更好地对去噪算法的性能进行评价,本节选择了部分序列对所提算法和对比算法在视觉效果上的差异进行评价。所选的视频序列为 LIQUOR,实验结果如图 3-5 到图 3-8 所示。

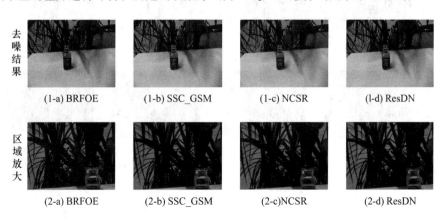

图 3-5　不同算法对 LIQUOR 序列第 1 帧的去噪效果图(噪声方差 5)

图 3-6　不同算法对 LIQUOR 序列第 1 帧的去噪效果图（噪声方差 10）

图 3-7　不同算法对 LIQUOR 序列第 1 帧的去噪效果图（噪声方差 15）

图 3-8　不同算法对 LIQUOR 序列第 1 帧的去噪效果图（噪声方差 20）

噪声方差相同的情况下,通过对比图 3-5 中(2-a)、(2-b)、(2-c)与(2-d)的局部结果,可以发现在噪声方差较小时,所有算法的去噪效果都较好。但是 BRFOE 中仍然可以看到明显的噪点,只有 ResDN 算法获得了更好的结构一致性。而噪声方差较大时,如图 3-7 所示,由于只考虑先验知识进行重建,因此 BRFOE 算法对噪声的分离能力不强。类似于平均指标评价结果,SSC_GSM 在噪声干扰较大时获得了较 NCSR 更好的去噪效果。对比其他三种算法,ResDN 算法在这四种噪声干扰下去噪能力都较强,可以得到比较清晰的轮廓和细节,特别是从图 3-8 的去噪效果对比结果中可以发现。

另外,对不同方差干扰下的重建结果进行纵向分析。随着噪声方差的增加,各个算法的重建效果都在下降。不同之处在于 SSC_GSM 的重建效果在图 3-7 和图 3-8 中稍微好于 NCSR 的重建效果。但是,这些算法对噪声的处理能力并没有增加。大量噪点被认为是信息点得到了保留。相比而言,ResDN 的重建结果略有模糊,但是去除了大多数的噪声,避免了在后续分析过程中,噪点对处理的干扰。

3.3.2 实验二:相同噪声方差下对不同噪声的去噪效果对比实验

本节对所提算法的盲噪声去除能力进行验证,主要从算法对不同种类的噪声去除能力着手,通过与对比算法进行比较,实现噪声去除能力的验证。所测试的噪声种类有高斯噪声、椒盐噪声、泊松噪声以及相干斑噪声。表 3-7 到表 3-10 为不同去噪算法在不同视频集下的平均去噪性能评价指标。

表 3-7　不同算法对不同噪声类型的去噪效果 PSNR 指标值

去噪算法	BRFOE	SSC_GSM	NCSR	ResDN	BRFOE	SSC_GSM	NCSR	ResDN
视频序列	高斯噪声				泊松噪声			
Akiyo	23.78	33.07	24.60	33.17	32.15	33.23	36.37	33.36
Deer	23.56	33.01	24.32	33.09	31.52	33.29	36.20	33.37
Doll	23.52	31.94	24.30	32.13	30.13	31.59	34.25	31.83
Forman	23.66	32.87	24.45	32.41	29.68	33.12	33.07	32.74
Ice	23.78	32.67	24.61	32.56	30.63	33.05	34.76	32.73
Liquor	23.83	32.59	24.66	32.54	30.24	33.51	33.90	33.57
MissAmerica	24.11	33.08	25.01	33.28	34.34	33.35	39.15	33.58
Mother_Daughter	23.58	32.04	24.37	32.22	30.92	32.32	35.38	32.34
Satellite2	24.53	29.91	25.50	30.52	33.11	32.99	36.03	32.82
Tiger	23.70	31.01	24.44	31.18	30.98	31.09	34.53	31.22
	椒盐噪声				相干斑噪声			
Akiyo	21.39	27.39	21.86	30.48	24.39	32.82	25.10	32.86

去噪算法	BRFOE	SSC_GSM	NCSR	ResDN	BRFOE	SSC_GSM	NCSR	ResDN
	椒盐噪声				相干斑噪声			
Deer	21.94	30.31	22.51	32.16	23.92	32.69	24.70	32.76
Doll	22.19	29.80	22.88	30.86	21.46	32.57	21.89	32.67
Forman	21.61	28.12	22.12	31.33	20.85	30.67	21.22	30.34
Ice	21.64	28.21	22.19	31.08	21.79	33.66	22.18	33.45
Liquor	21.18	26.37	21.64	30.87	21.39	32.74	21.74	33.13
MissAmerica	20.87	25.51	21.30	31.26	28.21	33.17	29.90	33.37
Mother_daughter	22.02	29.79	22.65	31.30	22.80	32.31	23.38	32.30
Satellite2	20.45	23.94	20.75	29.02	24.24	29.67	24.59	29.76
Tiger	21.59	27.96	22.09	30.03	22.55	29.83	23.05	29.99

表 3-8 不同算法对不同噪声类型的去噪效果 SSIM 指标值

去噪算法	BRFOE	SSC_GSM	NCSR	ResDN	BRFOE	SSC_GSM	NCSR	ResDN
视频序列	高斯噪声				泊松噪声			
Akiyo	0.365	0.908	0.399	0.912	0.770	0.918	0.916	0.921
Deer	0.369	0.858	0.405	0.864	0.765	0.866	0.909	0.873
Doll	0.358	0.903	0.389	0.909	0.646	0.902	0.836	0.907
Forman	0.394	0.879	0.428	0.886	0.676	0.886	0.818	0.893
Ice	0.393	0.930	0.427	0.933	0.683	0.938	0.841	0.938
Liquor	0.375	0.928	0.409	0.935	0.652	0.948	0.801	0.950
MissAmerica	0.353	0.892	0.392	0.903	0.833	0.900	0.958	0.908
Mother_Daughter	0.369	0.843	0.400	0.851	0.710	0.848	0.878	0.857
Satellite2	0.425	0.814	0.480	0.845	0.871	0.951	0.949	0.954
Tiger	0.472	0.871	0.503	0.879	0.778	0.873	0.900	0.881
	椒盐噪声				相干斑噪声			
Akiyo	0.354	0.694	0.385	0.891	0.530	0.913	0.637	0.914
Deer	0.366	0.787	0.402	0.852	0.445	0.859	0.508	0.866
Doll	0.360	0.783	0.402	0.895	0.305	0.912	0.321	0.917
Forman	0.390	0.703	0.421	0.877	0.329	0.864	0.355	0.852
Ice	0.379	0.748	0.414	0.922	0.420	0.937	0.437	0.938
Liquor	0.362	0.649	0.399	0.925	0.409	0.924	0.436	0.947
MissAmerica	0.322	0.535	0.356	0.880	0.656	0.896	0.842	0.904
Mother_daughter	0.367	0.795	0.401	0.844	0.376	0.848	0.409	0.856
Satellite2	0.373	0.529	0.393	0.879	0.748	0.938	0.787	0.946
Tiger	0.446	0.753	0.474	0.867	0.498	0.875	0.541	0.883

表 3-9 不同算法对不同噪声类型的去噪效果 FSIM 指标值

去噪算法	BRFOE	SSC_GSM	NCSR	ResDN	BRFOE	SSC_GSM	NCSR	ResDN
视频序列	高斯噪声				泊松噪声			
Akiyo	0.645	0.902	0.674	0.926	0.898	0.925	0.950	0.931
Deer	0.905	0.918	0.912	0.931	0.978	0.934	0.984	0.938
Doll	0.646	0.858	0.670	0.897	0.846	0.876	0.918	0.892
Forman	0.691	0.874	0.715	0.906	0.867	0.893	0.921	0.909
Ice	0.637	0.905	0.665	0.941	0.866	0.930	0.930	0.939
Liquor	0.834	0.951	0.852	0.963	0.944	0.970	0.970	0.974
MissAmerica	0.660	0.892	0.689	0.916	0.929	0.910	0.966	0.919
Mother_Daughter	0.685	0.845	0.714	0.876	0.900	0.865	0.950	0.876
Satellite2	0.697	0.901	0.737	0.938	0.923	0.938	0.958	0.945
Tiger	0.899	0.939	0.910	0.948	0.974	0.950	0.984	0.953
	椒盐噪声				相干斑噪声			
Akiyo	0.718	0.855	0.742	0.914	0.739	0.911	0.777	0.928
Deer	0.882	0.903	0.889	0.925	0.907	0.918	0.914	0.931
Doll	0.707	0.836	0.731	0.888	0.595	0.866	0.608	0.914
Forman	0.758	0.865	0.779	0.901	0.629	0.872	0.646	0.911
Ice	0.722	0.868	0.748	0.933	0.667	0.906	0.681	0.944
Liquor	0.787	0.889	0.801	0.960	0.792	0.954	0.800	0.972
MissAmerica	0.712	0.795	0.734	0.894	0.818	0.902	0.879	0.914
Mother_daughter	0.743	0.839	0.762	0.873	0.707	0.854	0.727	0.881
Satellite2	0.731	0.789	0.744	0.921	0.797	0.913	0.814	0.938
Tiger	0.863	0.912	0.872	0.945	0.889	0.939	0.896	0.949

表 3-10 不同算法对不同噪声类型的去噪效果 RSME 指标值

去噪算法	BRFOE	SSC_GSM	NCSR	ResDN	BRFOE	SSC_GSM	NCSR	ResDN
视频序列	高斯噪声				泊松噪声			
Akiyo	0.009 7	0.009 2	0.009 6	0.004 5	0.006 0	0.005 9	0.005 6	0.003 9
Deer	0.005 9	0.005 6	0.005 9	0.002 7	0.004 1	0.004 0	0.003 7	0.002 5
Doll	0.009 1	0.008 7	0.009 1	0.004 2	0.006 8	0.006 6	0.006 4	0.004 0
Forman	0.009 9	0.009 3	0.009 8	0.004 4	0.007 6	0.007 3	0.007 2	0.004 2
Ice	0.010 0	0.009 5	0.009 9	0.004 5	0.007 0	0.006 8	0.006 6	0.003 7
Liquor	0.005 7	0.005 4	0.005 6	0.002 9	0.004 0	0.003 9	0.003 8	0.002 1
MissAmerica	0.020 1	0.019 1	0.019 9	0.010 5	0.010 3	0.010 7	0.009 5	0.008 7

去噪算法	BRFOE	SSC_GSM	NCSR	ResDN	BRFOE	SSC_GSM	NCSR	ResDN
Mother_Daughter	0.009 9	0.009 5	0.009 9	0.004 9	0.006 8	0.006 9	0.006 3	0.004 3
Satellite2	0.007 8	0.007 7	0.007 7	0.005 2	0.004 1	0.004 2	0.003 8	0.002 9
Tiger	0.005 6	0.005 4	0.005 6	0.003 1	0.003 7	0.003 9	0.003 5	0.002 8
椒盐噪声					相干斑噪声			
Akiyo	0.002 7	0.005 7	0.003 2	0.005 1	0.008 6	0.008 0	0.008 3	0.003 9
Deer	0.001 6	0.003 7	0.001 9	0.003 1	0.006 0	0.005 5	0.005 9	0.002 6
Doll	0.002 5	0.005 4	0.002 9	0.004 4	0.009 8	0.009 2	0.009 7	0.004 0
Forman	0.002 7	0.005 8	0.003 2	0.004 6	0.010 7	0.009 6	0.010 6	0.004 4
Ice	0.002 7	0.005 8	0.003 1	0.004 8	0.009 8	0.009 3	0.009 8	0.003 9
Liquor	0.001 6	0.003 4	0.001 8	0.003 0	0.005 5	0.005 2	0.005 5	0.002 0
MissAmerica	0.005 6	0.012 0	0.006 7	0.012 2	0.014 1	0.014 3	0.013 2	0.008 8
Mother_daughter	0.002 7	0.005 9	0.003 1	0.005 0	0.010 0	0.009 4	0.009 9	0.004 5
Satellite2	0.002 1	0.004 3	0.002 4	0.004 2	0.005 6	0.005 1	0.005 4	0.002 8
Tiger	0.001 5	0.003 7	0.001 7	0.003 6	0.005 3	0.005 1	0.005 3	0.002 8

通过对客观指标进行分析,可以发现 NCSR 算法对于泊松噪声有较好的处理能力,但是对于其他噪声的处理能力一般,无法适用于混合噪声或者是噪声类型未知的情况。类似的现象也存在于 BRFOE 算法中。虽然本次实验是在噪声方差较小的情况下进行的,SSC_GSM 也获得了较好的高斯噪声和相干斑噪声处理能力。但是,分析椒盐噪声的去除效果可以发现,基于稀疏重建的去噪算法去除奇异点噪声的能力不足。相较而言,由于进行了细节填补和后处理,所提算法 ResDN 对不同噪声的处理能力都比较平均,因此可以获得较好的盲噪声去除效果。

由于视频去噪的目标在于获得较好的视觉效果,类似于 3.3.1 节,本节对不同算法对 AKIYO 视频的去噪结果在视觉效果上进行对比分析,实验结果如图 3-9 所示。其中每一列为相同噪声不同算法的去噪结果,每一行表示相同算法对不同噪声的去除能力的对比。纵向对比可以发现,图 3-9(5-a)、图 3-9(5-b)、图 3-9(5-c)以及图 3-9(5-d)可以获得一个比较好的重建结果,这个现象与平均指标评价结果具有相同的趋势。但是,由于不同算法的处理能力不平衡,这三种对比算法并不适用于所有的噪声干扰,从而无法在混合噪声中获得一个较好的效果。相比而言,所提算法的重建结果图 3-9(5-a)到图 3-9(5-d)都获得了清晰的视频以及较为明显的纹理。这表明所提算法对噪声类别不敏感,有助于对混合噪声的处理,在实际噪声处理过程中,可获得更好的去噪效果。

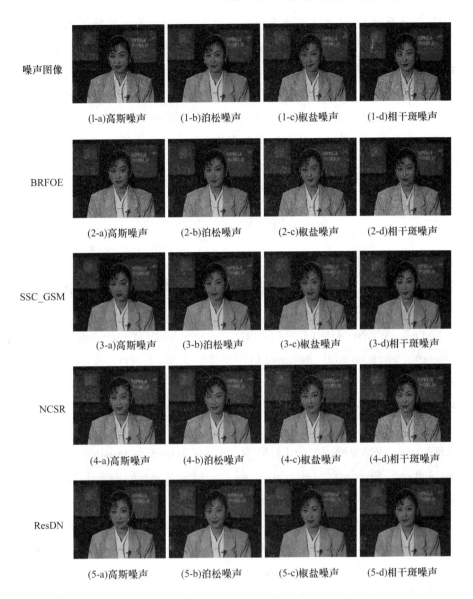

图 3-9　不同算法对 AKIYO 序列第 1 帧的不同类型噪声的去除效果对比

本 章 小 结

本章提出了一种基于残差卷积神经网络的视频去噪(ResDN)算法,在低秩矩阵分解的稀疏字典去噪基础上,进一步提取残差细节。该算法的主要创新点在于,通过低秩矩阵生成过程,将视频的时域特征和图像的非局部空间特征结合起来,实现对视频本身信息的应用。在此基础上,对过滤的残差进行再处理,通过中值滤波将去噪问题转换为重建问题,并通过卷积神经网络对图像细节信息进行提取和表达,避免去噪结果过于模糊。同时,由于稀疏去噪的不完全性,所以要对去噪结果进行异常点提取并修复,以提高算法的鲁棒性。实验结果表明本章所提方法在客观评价指标和主观视觉效果上均取得了较好的去噪效果。相比于 BRFOE、SSC_GSM 和 NCSR 算法,所提算法在 PSNR 指标上提升了 24%、2.0%、9.8%,在 SSIM 指标上分别提升 65.1%、3.5%、24.2%,在 FSIM 指标上提升了 14.5%、2.6%、7.4%,在 RMSE 指标上降低了 41.9%、42.4%、39.9%。

参 考 文 献

[1] 李鹏飞,吴海娥,景军锋,等. 点云模型的噪声分类去噪算法[J]. 计算机工程与应用,2016,20:188-192.

[2] WANG X, WANG H, YANG J, et al. A new method for nonlocal means image denoising using multiple images [J]. PloS one, 2016, 11(7):e0158664.

[3] SALVADEO D H P, MASCARENHAS N D A, LEVADA A L M. Nonlocal markovian models for image denoising [J]. Journal of Electronic Imaging, 2016, 25(1):013003-013003.

[4] KHAN A, WAQAS M, ALI M R, et al. Image de-noising using noise ratio estimation, k-means clustering and non-local means-based estimator [J]. Computers & Electrical Engineering, 2016.

[5] GU S, ZHANG L, ZUO W, et al. Weighted nuclear norm minimization with application to image denoising [C]. IEEE Conference on Computer Vision and Pattern Recognition,2014:2862-2869.

[6] CHEN X, HAN Z, WANG Y, et al. Robust tensor factorization with unknown noise [C]. IEEE Conference on Computer Vision and Pattern Recognition,2016:5213-5221.

[7] ZHU F, CHEN G, HENG P A. From noise modeling to blind image denoising [C]. IEEE Conference on Computer Vision and Pattern Recognition. 2016:420-429.

[8] CAO X, CHEN Y, ZHAO Q, et al. Low-rank matrix factorization under general mixture noise distributions [C]. IEEE International Conference on Computer Vision. 2015:1493-1501.

［9］ XU J，ZHANG L，ZUO W，et al. Patch group based nonlocal self-similarity prior learning for image denoising［C］. IEEE Conference on Computer Vision，2015：244-252.

［10］ YI S，LAI Z，HE Z，et al. Joint sparse principal component analysis［J］. Pattern Recognition，2017，61：524-536.

［11］ 王志明. 基于图像分割的噪声方差估［J］. 工程科学学报，2015，09：1218-1224.

［12］ GHIMPETEANU G，BATARD T，BERTALMIO M，et al. A decomposition framework for image denoising algorithms［J］. IEEE Transactions on Image Processing，2015，25(1)：388-399.

［13］ 刘倩. 基于非局部稀疏的图像去噪与平滑方法研究［D］. 济南：山东大学，2016.

［14］ DONG W，SHI G，LI X. Nonlocal image restoration with bilateral variance estimation：a low-rank approach［J］. IEEE Transactions on Image Processing，2013，22(2)：700-711.

［15］ XU J，ZHANG L，ZUO W，et al. Patch group based nonlocal self-similarity Prior Learning for Image Denoising［C］. IEEE Conference on Computer Vision，2015：244-252.

［16］ SZEGEDY C，LIU W，JIA Y，et al. Going deeper with convolutions［C］. IEEE Conference on Computer Vision and Pattern Recognition. 2015：1-9.

［17］ HE K，ZHANG X，REN S，et al. Deep residual learning for image recognition［J］. Computer Science，2015.

［18］ DONGC，LOY C，HE K. et al. Image super-resolution using deep convolutional networks［J］. IEEE Transactions on pattern Analysis and machine Intelligence. 2016，38(2)：295-307.

［19］ DONG W，ZHANG L，SHI G，et al. Nonlocally centralized sparse representation for image restoration ［J］. IEEE Transactions on Image Processing，2013，22（4）：1620-1630.

［20］ DONG W，SHI G，MA Y，et al. Image restoration via simultaneous sparse coding：where structured sparsity meets Gaussian scale mixture ［J］. International Journal of Computer Vision，2015，114(2-3)：217-232.

［21］ WEISS Y，FREEMAN W T. What makes a good model of natural images［C］. IEEE Conference on Computer Vision and Pattern Recognition. 2007：1-8.

第4章

基于半耦合字典学习和时空非局部相似性的视频超分辨率重建

4.1 引 言

环境变化、聚焦不准、光学或运动模糊、下采样及噪声干扰等因素,往往使得视觉传感器所拍摄的视频序列的视觉分辨率质量较差。超分辨率重建技术(SR)[1]的目标就是从多帧低分辨率(LR)的视频序列中重建出高分辨率(HR)、高质量的视频序列。随着计算机视觉技术取得迅速而较大的发展,对 HR 视频的需求也随之越来越大。视频的视觉分辨率质量在视频智能监控系统中对于运动目标的精确识别和跟踪具有重要作用,可以为其提供更多更为重要的运动目标细节信息。医学 HR 视频对于医生做出正确的病症诊断也是十分有用的。因此,视频超分辨率重建技术具有重大的研究意义和应用价值。

近年来,超分辨率重建技术在图像和视频的智能分析和处理领域已发展成一个热门研究方向。对于超分辨率重建问题的求解,从频率域到空间域技术,均取得了较大的发展。目前相关的研究主要包含三大类,分别是基于插值的 SR 方法[2,3]、基于多帧的 SR 方法[4]和基于学习的 SR 方法[5]。基于插值的 SR 方法计算复杂度相对较低,因而能够适用于实时应用。然而,当不同的视频帧中含有不同特性的模糊和噪声干扰时,这类方法却不适用。而且这类方法无法有效地恢复出额外的视频细节信息,原因主要在于视频中一些感兴趣的细节信息通常被模糊掉了。

基于多帧的 SR 方法通过融合不同时空尺度的相邻 LR 视频帧中相似但细节不完全

相同的互补冗余信息产生 HR 视频序列。目前该方法主要有两大研究分支：一是依赖精确亚像素运动估计的 SR 方法，如凸集投影方法（POCS）、最大后验概率估计方法（MAP）、迭代后向投影方法（IBP），该类方法往往仅适用于简单运动场景下的视频序列，如全局平移运动，而不能很好地适用于复杂的运动场景，如局部运动或角度旋转等。另一个研究分支建立在最新提出的基于非局部相似性的模糊运动估计机制基础上，该类方法不依赖精确的亚像素运动估计，因而能够适用于更为复杂的运动场景。基于这一机制，Protter 等[6]利用 3D 非局部均值滤波（3D NLM）[7]，提出了基于非局部模糊配准机制的超分辨率重建方法。然而该方法中的非局部相似性匹配不能很好地适应角度旋转、闭塞运动区域等复杂的运动场景。针对这一问题，Gao 等[8]利用 Zernike 矩特征对文献[6]中的非局部相似性匹配策略进行了改进，提升了基于 3D NLM 的超分辨率算法的旋转不变性和噪声鲁棒性。自相似特性提供了与低分辨率输入高度相关的内部实例，基于这种内部相似性的超分辨率方法不需要额外的训练集和较长的训练时间，但是也具有一定的局限性，即在内部相似块不充足的情况下，往往会因内部实例的不匹配而引起一些视觉瑕疵，且不能很好地适应较大的超分辨率倍数。

近年来，基于学习的 SR 方法[9-11]受到广泛关注。该类方法通过从 LR 和 HR 图像对训练集中学习 LR 和 HR 图像块间的关联映射关系，来估计 LR 图像中丢失的高频细节信息，并且该方法能够适应较大的超分辨率倍数，产生较好的超分辨率重建效果。本章重点研究的是基于学习的视频超分辨率重建方法。然而目前几乎所有该类方法的研究均针对的是静态图像。本章将结合视频帧间的时空相似性，将基于学习的 SR 方法扩展为视频的超分辨率处理。在基于学习的图像 SR 重建领域，代表性的方法主要有基于邻域嵌入的 SR 方法（NESR）和基于稀疏表示的 SR 方法（SRR）。

稀疏表示和字典学习已被证明对于图像和视频的超分辨率重建非常有效。在基于稀疏表示的 SR 方法中，涌现出了大量的耦合字典学习方法[12,13]。Lin 和 Tang[14]提出了一种新颖的耦合子空间学习策略来学习不同类型间的关联映射，首先利用关联组件分析寻找每种类型下的潜在空间来保护相关信息，然后学习这两个子空间之间的双向变换。Yang 等[15]提出了一种用于超分辨率重建的耦合字典学习模型，该模型假设 HR 和 LR 图像字典是耦合的，即每对 HR 和 LR 图像块在相应的字典下具有相同的稀疏表示。在学习到耦合字典对之后，HR 图像块便可以通过 HR 字典和 LR 字典下 LR 图像块的稀疏编码系数重建得到。这种基于耦合字典学习的 SR 方法假设图像对的稀疏表示系数在耦合子空间中是严格相等的。然而，这种假设过于严格，以至于不能很好地适应不同分辨率下图像结构的灵活性。为克服这一问题,文献[16]提出了一种基于半耦合字典学习的 SR 方法,该方法放宽了如上假设,假设 HR 和 LR 块的稀疏表示系数间存在一种稳定的非线性关联映射。He 等[17]利用 beta 过程进行稀疏编码,构建了 HR 和 LR 稀疏系数之间的映射函数。此外,文献[16]~[18]利用非局部自相似性来进一步提升超分辨率重建性能,然而这些方法仅考虑了单帧图像自身的相似性,没有考虑视频在时空域的自相似性,影响时空一致性。受基于 SRR 和基于 NESR 的 SR 方法的启发,Jiang 等[19]提出了一种高效的基于图约束最小二乘回归的 SR 方法,通过学习 LR 图像块和 HR 图像块空间之间的投影映射矩阵实现 LR 图像的超分辨率重建,该方法能够很好地保护原始 HR 图像块的内在几何结构。

然而以上这些基于学习的方法仅考虑了单帧图像空间域的非局部相似性信息,没有充分利用视频帧间的时空相关信息,因而无法更好地适用于视频的超分辨率重建,在一定程度上会影响视频的时空一致性,容易引起视频帧间抖动现象。为此,本章通过将基于单帧的非局部相似性扩展到时空域非局部相似性,来重点解决这一问题。

本章提出了一种基于半耦合字典学习和时空非局部相似性的视频超分辨率重建算法(CNLSR)。算法的主要贡献和创新性体现在如下三个方面。

(1) 结合 LR-HR 关联映射学习以及时空域非局部相似性,并通过融合不同时空尺度的非局部相似性结构冗余,进一步提升视频超分辨率重建性能。

(2) 为了在保证超分辨率重建质量的同时,提升算法效率,提出了基于视觉显著性的关联映射学习和时空非局部相似性匹配策略,并在时空相似性匹配过程中,采用了基于区域平均能量和结构相似性的自适应区域相关性判断策略。

(3) 提出了基于视觉显著性的时空非局部模糊配准机制用于时空相似性匹配。对于显著性目标区域,提出了基于区域伪 Zernike 矩特征相似性和结构相似性的时空非局部相似性匹配策略,以进一步提升超分辨率精度和鲁棒性;对于非显著性目标区域,提出了基于区域能量的低复杂度时空非局部相似性匹配策略。

4.2 视频超分辨率重建观测模型

视频超分辨率重建的观测模型如图 4-1 所示,图中描述了高分辨率和低分辨率视频帧间的关系,可形式化描述为式(4-1)。原始高分辨率视频序列经过模糊、下采样、噪声干扰等降质过程获取低分辨率视频序列,超分辨率重建问题则是对该过程的求逆问题,即实现从降质后的低分辨率序列重建出原始高分辨率序列。

$$y_t = DB_t M_t x_t + \theta_t, \quad t = 1, 2, \cdots, T \tag{4-1}$$

其中:x_t表示第 t 帧原始高分辨率视频帧;y_t表示观测到的第 t 帧低分辨率视频帧,是由高分辨率视频帧经过运动 M_t、模糊 B_t、下采样 D、噪声干扰 θ_t 等降质因素降质后得到的;M_t表示在视频获取中的运动因素,如全局或局部运动、角度旋转等;T 表示视频帧数。

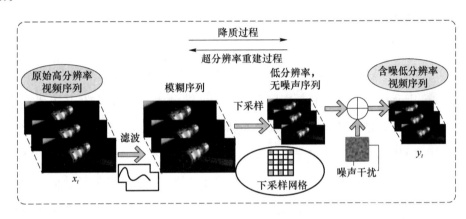

图 4-1　视频超分辨率重建观测模型

4.3　基于非局部相似性的超分辨率重建

非局部均值(NLM)滤波[20,21]具有很好的像素间自相似特性学习能力,能够充分借助待重建像素周边非局部区域内的所有相似像素,来寻求最佳的像素重建方法,目前已成功地应用于空间域的图像去噪领域,并且取得了很好的效果[22,23]。去噪过程中,每个像素值是通过其非局部邻域内所有像素的加权平均来估计的,具体计算方法如式(4-2)所示:

$$\hat{x}[k,l] = \frac{\sum\limits_{(i,j) \in N(k,l)} \omega_{\mathrm{NL}}[k,l,i,j] y[i,j]}{\sum\limits_{(i,j) \in N(k,l)} \omega_{\mathrm{NL}}[k,l,i,j]} \tag{4-2}$$

其中:$\hat{x}[k,l]$表示无噪图像像素估计值;$y[i,j]$表示含噪图像像素值;$N(k,l)$表示待重建像素(k,l)附近的非局部搜索窗口;$\omega_{NL}[k,l,i,j]$表示搜索区域内像素(i,j)相对于目标像素(k,l)的权重,其大小是通过两者之间的相似度来度量的。该相似度通过计算分别以(i,j)和(k,l)为中心的局部图像块之间的距离得到,计算方法如式(4-3)所示:

$$\omega_{NL}[k,l,i,j]=\exp\left\{-\frac{\|R_{k,l}y-R_{i,j}y\|_2^2}{2\sigma_r^2}\right\}\times f(\sqrt{(k-i)^2+(l-j)^2}) \tag{4-3}$$

其中:函数f考虑了以像素(k,l)和(i,j)为中心的图像块之间的欧几里得几何距离;$R_{k,l}$代表提取以像素(k,l)为中心的预定义大小(如$q\times q$)的图像块的操作符,通过$R_{k,l}y$可以产生该图像块的q^2维向量;σ_r表示控制这些图像块之间灰度级差异的平滑参数,该参数主要取决于图像噪声的标准方差。

传统的超分辨重建方法往往依赖精确的运动估计来实现图像序列配准,为有效地克服这一问题,Protter等[6]首次将模糊配准机制引入超分辨率重建领域,其主要思想是将NLM滤波引入视频超分辨率重建的融合步骤中,通过学习待重建视频帧与各低分辨率观测视频帧之间的非局部相似模式,进而通过加权平均来获取待重建视频帧的高分辨率估计,从而避免精确的运动估计。该超分辨率重建思想实现了将模糊运动估计和重建操作集成在一个框架下同步执行。为使得NLM滤波应用于视频序列超分辨率重建的多帧融合过程,通过引入时间轴将其扩展为3D时空域NLM,其目标能量函数如式(4-4):

$$\eta_{SR}(X)=\sum_{(k,l)\in\Psi}\sum_{t\in[1,\cdots,T]}\sum_{(i,j)\in N(k,l)}\omega[k,l,i,j,t]\times\|D_pR_{k,l}^HHX-R_{i,j}^Ly_t\|_2^2 \tag{4-4}$$

其中:H表示模糊操作符;X表示估计出的高分辨率视频帧;Ψ表示待重建的视频帧;D_p表示像素周围邻域块的抽取操作;符号$R_{k,l}^H$和$R_{i,j}^L$分别表示HR视频帧栅格和LR视频帧栅格上抽取出的图像块。

通过最小化如上目标能量函数,可获得所期望的高分辨率视频帧Z:

$$Z[k,l]=\frac{\sum_{t\in[1,\cdots,T]}\sum_{(i,j)\in N(k,l)}\omega[k,l,i,j,t]y_t[i,j]}{\sum_{t\in[1,\cdots,T]}\sum_{(i,j)\in N(k,l)}\omega[k,l,i,j,t]} \tag{4-5}$$

其中:T表示输入的视频序列中的视频帧数;y_t表示第t帧原始LR视频帧;权重$\omega[k,l,i,j,t]$表示待重建目标视频帧中像素(k,l)和相应各个LR视频帧y_t中像素(i,j)之间的相似度,亦即像素(k,l)移动至视频帧y_t中像素(i,j)的概率大小。

4.4 基于半耦合字典学习和时空非局部相似性的视频超分辨率重建算法

4.4.1 CNLSR 算法研究动机

基于稀疏表示和字典学习的超分辨率重建方法是基于学习的超分辨率重建方法中具有代表性且是近几年研究得比较热门的方法,已被验证具有较好的重建性能。其中基于耦合字典学习的超分辨率重建方法假设 LR 和 HR 块对的稀疏表示系数在耦合子空间中是严格相等的。然而这种假设过于严格,以至于不能很好地适应不同分辨率下的图像或视频帧结构的灵活性。为克服这一问题,涌现出了基于半耦合字典学习的超分辨率重建方法,该方法放宽了如上假设,假设 HR 和 LR 块的稀疏表示系数间存在一种稳定的非线性关联映射。然而基于半耦合字典学习和稀疏表示的超分辨率重建方法没有充分利用视频帧间的时空相关信息,因而无法更好地适用于视频的超分辨率重建,在一定程度上会影响视频的时空一致性。

现有的基于时空相似性信息融合的超分辨率重建方法充分考虑了视频帧间的时空关系,通过时空信息匹配和融合获取低分辨率视频序列的目标高分辨率估计。然而当视频序列内存在局部运动、角度旋转等复杂运动场景时,现有的视频帧间时空信息配准机制的精度和鲁棒性不高。

针对如上问题,本章提出了基于半耦合字典学习和时空非局部相似性的视频超分辨率重建算法(CNLSR),解决了现有视频超分辨率重建方法中时空一致性保持能力不强以及鲁棒性不高的问题。

4.4.2 CNLSR 算法框架

本章在低分辨率块-高分辨率块(LR-HR)关联映射学习的基础上,结合视频帧在时空域不同时空尺度的非局部相似性结构冗余,来进一步提升视频超分辨率重建性能。为此,本章提出了一种新的基于关联学习和时空非局部相似性的视频超分辨率重建算法(CNLSR),通过学习 LR-HR 关联关系作为先验约束,同时跨尺度融合低分辨率视频帧间的时空非局部相似性信息,获取低分辨率视频帧的目标高分辨率估计。CNLSR 算法的优势主要体现在三个方面:(1)不依赖精确的亚像素运动估计,能够适应复杂的运动场景(如局部运动、角度旋转等);(2)具有较强的旋转不变性以及噪声、光照鲁棒性;(3)能够适应较大的超分辨率倍数。CNLSR 算法框架如图 4-2 所示,该算法主要包括三个过程,分别是视觉显著性检测、LR-HR 关联映射学习、时空非局部相似性信息匹配与融合。

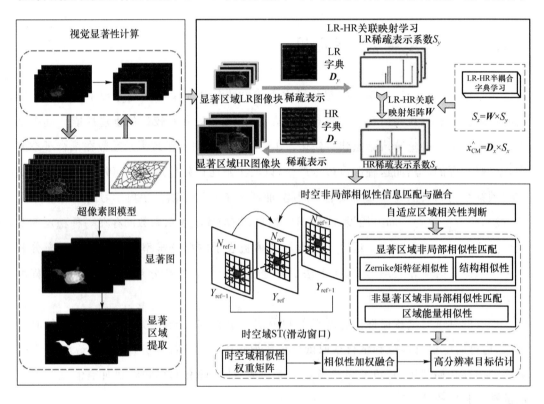

图 4-2　基于关联学习和时空非局部相似性的超分辨率重建算法框架

视觉显著性检测:对 LR 视频序列 $\{y_m[i,j,t]\}_{t=1}^{T}(m=1,\cdots,N)$ 的每一帧 y,检测和提取视觉显著性区域 $\boldsymbol{D}_{so}\in\boldsymbol{D}_y$,将每个视频帧分为显著性区域 $\boldsymbol{D}_{so}\in\boldsymbol{D}_y$ 和非显著性区域 $\boldsymbol{D}_{nso}\in\boldsymbol{D}_y(\boldsymbol{D}_{so}\bigcup\boldsymbol{D}_{nso}=\boldsymbol{D}_y)$。

LR-HR 关联映射学习:从 LR 和 HR 训练数据集 Y 和 X 中学习 LR-HR 关联映射矩阵 $\boldsymbol{M}$ 和 LR-HR 字典对 $(\boldsymbol{D}_y,\boldsymbol{D}_x)$,并根据学习得到的 $\boldsymbol{M}$ 和 $(\boldsymbol{D}_y,\boldsymbol{D}_x)$,将视频帧 y 中显著性区域 $\boldsymbol{D}_{so}$ 中的每个 LR 块映射到其 HR 估计 $\hat{x}$。

时空非局部相似性信息匹配和融合:通过基于时空非局部相似性加权平均进行时空信息融合来更新 $\hat{x}$。对于视频帧中的显著性区域 $\boldsymbol{D}_{so}$,提出基于区域伪 Zernike 矩(PZM)特征相似性和区域结构相似性的相似性加权策略进行时空非局部相似性匹配;对于非显

著性区域 D_{nso},提出基于区域能量的相似性加权策略进行时空非局部相似性匹配。

4.4.3 CNLSR 算法数学模型

给定一个 LR 视频序列 $Y = \{y_m[i,j,t]\}_{t=1}^{T}(m=1,\cdots,N)$ 以及一个 LR 和 HR 训练对,超分辨率重建的目标是由此推断出相应的 HR 视频序列 $X = \{x_m[i,j,t]\}_{t=1}^{T}(m=1,\cdots,N)$,其中 N 表示视频帧数。CNLSR 算法的数学模型可形式化为最小化如下目标能量函数:

$$\hat{X}^* = \arg\min_X \{E_{SR}^{CML}(X,Y) + \lambda E_{SR}^{STNL}(X,Y)\} + \gamma DBlu(X), \qquad (4\text{-}6)$$

其中:$\hat{X}^*$ 表示视频序列的 HR 估计;$E_{SR}^{CML}(X,Y)$ 表示 LR-HR 关联映射能量项,通过学习 LR 和 HR 块之间的关联映射,将 LR 视频帧映射为其相应的 HR 视频帧;$E_{SR}^{STNL}(X,Y)$ 表示时空非局部相似性正则化约束项,通过相邻视频帧之间的时空相似性匹配和融合进一步提升超分辨率性能;λ 是 $E_{SR}^{CML}(X,Y)$ 和 $E_{SR}^{STNL}(X,Y)$ 间的权重调节参数;$DBlu(X)$ 表示去模糊项;γ 是控制去模糊项比例的权重调节因子。

4.4.4 CNLSR 算法描述

1. 基于半耦合字典学习的 LR-HR 关联映射学习

通过学习 LR 图像块和 HR 图像块之间的关联映射关系,并以此作为先验知识来指导超分辨率重建,从而获取 LR 视频帧的 HR 估计。为了在保证超分辨率质量的同时提升算法效率,本章只针对人眼重点关注的显著性目标区域进行关联映射。在本章中,利用一种基于鲁棒性背景检测的显著性优化方法[24]来检测和提取视觉显著性区域。对于 LR-HR 关联映射的学习过程,给定 LR 图像块集 Y、HR 图像块集 X,则该过程等同于寻求一个从 Y 空间到 X 空间的映射函数 $M = f(\cdot)$,且满足 $X = f(Y)$。

基于耦合字典的关联学习方法假设 LR 和 HR 图像块对的稀疏表示系数是相等的。这种假设太强烈,以至于不能很好地解决不同分辨率下图像结构的灵活性问题,因而制约了超分辨率性能。为此,本章采用一种更加灵活稳定的半耦合字典学习方法建立 LR 和 HR 之间的关联映射,假设 HR 和 LR 图像块的稀疏表示系数存在某种稳定的关联映射。在基于半耦合字典学习的 LR-HR 关联学习过程中,通过最小化式(4-7)所示的目标能量函数，获取 LR 和 HR 字典对 $(\boldsymbol{D}_y、\boldsymbol{D}_x)$ 以及关联映射矩阵 $\boldsymbol{M}$。

$$\min_{\langle \boldsymbol{D}_x,\boldsymbol{D}_y,\boldsymbol{M}\rangle} \|\boldsymbol{X}-\boldsymbol{D}_x\boldsymbol{S}_x\|_F^2 + \|\boldsymbol{Y}-\boldsymbol{D}_y\boldsymbol{S}_y\|_F^2 + \gamma\|\boldsymbol{S}_x-\boldsymbol{M}\boldsymbol{S}_y\|_F^2 +$$

$$\lambda_x\|\boldsymbol{S}_x\|_1 + \lambda_y\|\boldsymbol{S}_y\|_1 + \lambda_w\|\boldsymbol{M}\|_F^2$$

$$\text{s. t.} \quad \|d_{x,i}\|_{l_2}\leqslant 1, \|d_{y,i}\|_{l_2}\leqslant 1, \forall i \tag{4-7}$$

其中：$\gamma, \lambda_x, \lambda_y$ 和 λ_w 分别为调节目标函数中各项术语权重的参数；$\boldsymbol{S}_y$ 和 $\boldsymbol{S}_x$ 分别为 LR 和 HR 图像块的稀疏表示系数；$\|\boldsymbol{X}-\boldsymbol{D}_x\boldsymbol{S}_x\|_F^2$ 和 $\|\boldsymbol{Y}-\boldsymbol{D}_y\boldsymbol{S}_y\|_F^2$ 表示重建误差，$\|\boldsymbol{S}_x-\boldsymbol{M}\boldsymbol{S}_y\|_F^2$ 表示映射误差；$d_{y,i}$ 和 $d_{x,i}$ 分别表示字典 $\boldsymbol{D}_y$ 和 $\boldsymbol{D}_x$ 中的元素。

对于式(4-7)中目标能量函数的最小化求解过程，可以分解为如下三个子问题：(1)训练样例的稀疏编码；(2)字典更新；(3)映射更新。

训练样例的稀疏编码：首先初始化 $\boldsymbol{M}$ 和字典对 $(\boldsymbol{D}_y、\boldsymbol{D}_x)$，然后采用 L_1 优化算法，分别求解式(4-8)和式(4-9)，获取稀疏编码系数 $\boldsymbol{S}_y$ 和 $\boldsymbol{S}_x$。

$$\min_{\langle \boldsymbol{S}_x\rangle} \|\boldsymbol{X}-\boldsymbol{D}_x\boldsymbol{S}_x\|_F^2 + \gamma\|\boldsymbol{S}_y-\boldsymbol{M}_x\boldsymbol{S}_x\|_F^2 + \lambda_x\|\boldsymbol{S}_x\|_1 \tag{4-8}$$

$$\min_{\langle \boldsymbol{S}_y\rangle} \|\boldsymbol{Y}-\boldsymbol{D}_y\boldsymbol{S}_y\|_F^2 + \gamma\|\boldsymbol{S}_x-\boldsymbol{M}_y\boldsymbol{S}_y\|_F^2 + \lambda_y\|\boldsymbol{S}_y\|_1 \tag{4-9}$$

其中：$\boldsymbol{M}_x$ 表示从 $\boldsymbol{S}_x$ 到 $\boldsymbol{S}_y$ 的映射，$\boldsymbol{M}_y$ 表示从 $\boldsymbol{S}_y$ 到 $\boldsymbol{S}_x$ 的映射。$\|\boldsymbol{S}_y-\boldsymbol{M}_x\boldsymbol{S}_x\|_F^2$ 表示在 $\boldsymbol{S}_x$ 到 $\boldsymbol{S}_y$ 映射的过程中产生的映射误差，$\|\boldsymbol{S}_x-\boldsymbol{M}_y\boldsymbol{S}_y\|_F^2$ 表示在 $\boldsymbol{S}_y$ 映射到 $\boldsymbol{S}_x$ 的过程中产生的映射误差。

字典更新：固定 $\boldsymbol{S}_y$ 和 $\boldsymbol{S}_x$，通过式(4-10)更新字典对 $(\boldsymbol{D}_y、\boldsymbol{D}_x)$：

$$\min_{\langle \boldsymbol{D}_x,\boldsymbol{D}_y\rangle} \|\boldsymbol{X}-\boldsymbol{D}_x\boldsymbol{S}_x\|_F^2 + \|\boldsymbol{Y}-\boldsymbol{D}_y\boldsymbol{S}_y\|_F^2$$

$$\text{s. t.} \quad \|d_{x,i}\|_{l_2}\leqslant 1, \|d_{y,i}\|_{l_2}\leqslant 1, \forall i \tag{4-10}$$

映射更新：固定字典对 $(\boldsymbol{D}_y、\boldsymbol{D}_x)$、$\boldsymbol{S}_y$ 和 $\boldsymbol{S}_x$，通过式(4-11)更新映射 $\boldsymbol{M}$：

$$\min_{\langle \boldsymbol{M}\rangle} \|\boldsymbol{S}_x-\boldsymbol{M}\boldsymbol{S}_y\|_F^2 + (\lambda_w/\gamma)\|\boldsymbol{M}\|_F^2 \tag{4-11}$$

通过求解式(4-11)，可以得到：

$$\boldsymbol{M} = \boldsymbol{S}_x\boldsymbol{S}_y^{\mathrm{T}}(\boldsymbol{S}_y\boldsymbol{S}_y^{\mathrm{T}} + (\lambda_w/\gamma)\cdot\boldsymbol{I})^{-1} \tag{4-12}$$

其中：$\boldsymbol{I}$ 为单位矩阵。

如上关联映射学习过程获取 LR-HR 关联映射 $\boldsymbol{M}$ 之后，便可据此进行超分辨率重建，获取 LR 视频帧中显著性目标区域的 HR 估计。对于 LR 视频帧 y 的显著性目标区域 $\boldsymbol{D}_{\mathrm{so}}\in\boldsymbol{D}_y$，通过求解式(4-13)中的优化问题获取其 HR 估计。

$$\min_{\langle S_{x,i}, S_{y,i}\rangle} \|x_i-\boldsymbol{D}_x\boldsymbol{S}_{x,i}\|_F^2 + \|y_i-\boldsymbol{D}_y\boldsymbol{S}_{y,i}\|_F^2 +$$

$$\gamma\|\boldsymbol{S}_{x,i}-\boldsymbol{M}\boldsymbol{S}_{y,i}\|_F^2 + \lambda_x\|\boldsymbol{S}_{x,i}\|_1 + \lambda_y\|\boldsymbol{S}_{y,i}\|_1 \tag{4-13}$$

其中：y_i 为 LR 视频帧 Y 中的图像块；x_i 为 HR 视频帧 X 的初始估计图像块。X 的初始估计可通过 Bicubic 插值算法获得。通过交替更新 $\boldsymbol{S}_{x,i}$ 和 $\boldsymbol{S}_{y,i}$ 对式(4-13)进行求解。X 的显著性区域中各个图像块 x_i 的目标 HR 估计可通过式(4-14)求解。

$$\hat{x}_i^{cm} = \boldsymbol{D}_x \hat{\boldsymbol{S}}_{x,i} \tag{4-14}$$

当所有的图像块的目标 HR 估计都获取之后,便可以得到 HR 视频帧 X 的目标估计。对于重叠的块,采用加权平均策略进行融合。

2. 基于视觉显著性的时空非局部模糊配准和融合

单纯基于学习得到的 LR-HR 关联映射进行超分辨率重建仅利用了视频帧的空间域信息和 LR-HR 关联关系,没有充分考虑视频帧间的时空关系,因而不能很好地保护视频的时空一致性,容易引起视频抖动现象。视频帧序列内部往往存在大量的时空非局部相似性冗余信息,而这些非局部冗余信息对视频的超分辨率重建是十分有帮助的。为此,本章在 LR-HR 关联映射学习的基础上,通过融合视频序列在时空域的非局部相似性结构互补冗余信息,来进一步提升超分辨率重建性能。

为了在保证时空非局部相似性匹配效果的同时,提升算法的时间效率,本章基于 PZM 特征对时空非局部模糊配准机制进行了改进,并在 PZM 特征相似性和结构相似性的基础上,提出了一种新颖的基于视觉显著性的时空非局部模糊配准机制(SBFR)。

(1)基于 PZM 特征的时空非局部模糊配准机制

考虑到 PZM 特征具有较好的旋转、平移、尺度不变特性,同时具有较好的噪声和光照不敏感性,本章利用该特征来进一步改进非局部模糊配准机制,从而实现更为精确和鲁棒的非局部时空域的区域特征间的相似性度量,进而基于该相似性进行加权重建。不同于传统方法,本章提出的时空非局部模糊配准机制不依赖精确的亚像素运动估计,因而能够适应复杂的运动场景,且具有较好的旋转不变性和噪声鲁棒性。

定义 PZM(k,l) 和 PZM$'(i,j)$ 分别表示待重建像素点 (k,l) 及其非局部搜索区域 $N_{\text{nonloc}}(k,l)$ 内像素点 (i,j) 对应的局部区域内的 PZM 特征向量,分别记作:

$$\text{PZM}(k,l) = (\text{PZM}_{00}, \text{PZM}_{11}, \text{PZM}_{20}, \text{PZM}_{22}, \text{PZM}_{31}, \text{PZM}_{33}) \tag{4-15}$$

$$\text{PZM}'(i,j) = (\text{PZM}'_{00}, \text{PZM}'_{11}, \text{PZM}'_{20}, \text{PZM}'_{22}, \text{PZM}'_{31}, \text{PZM}'_{33}) \tag{4-16}$$

其中,视频帧 $f(x,y)$ 的 n 阶和 m 重($0 \leqslant n \leqslant \infty$,$0 \leqslant |m| \leqslant n$)PZM 特征定义如下:

$$\begin{aligned}
\text{PZM}_{nm} &= \frac{n+1}{\pi} \iint_{x^2+y^2 \leqslant 1} f(x,y) V_{nm}^*(x,y) \mathrm{d}x \mathrm{d}y \\
&= \frac{n+1}{\pi} \sum_{\rho \leqslant 1} \sum_{0 \leqslant \theta \leqslant 2\pi} f(\rho,\theta) V_{nm}^*(\rho,\theta) \rho
\end{aligned} \tag{4-17}$$

$$V_{nm}(\rho,\theta) = R_{nm}(\rho)\exp(jm\theta) \tag{4-18}$$

$$R_{nm}(\rho) = \sum_{s=0}^{n-|m|} \frac{(-1)^s(2n+1-s)!\rho^{n-s}}{s!(n+|m|+1-s)!(n-|m|-s)!} \tag{4-19}$$

其中：ρ 和 θ 分别为极坐标下像素点的半径和角度，且 $\rho = \sqrt{x^2+y^2}$，$\theta = \tan^{-1}(y/x)$；函数 $\{V_{nm}(x,y)\}$ 被称为 PZM 特征的基，且构成单位圆 $x^2+y^2 \le 1$ 内的一组完备正交集；$V_{nm}^*(x,y)$ 为 $V_{nm}(x,y)$ 的复数共轭。

基于 PZM 的非局部模糊配准机制的主要思想体现在不同时空尺度上的视频帧在非局部时空域上的相似性匹配，其中相似度的度量通过区域的 PZM 特征向量之间的欧几里得距离来实现，并以此作为权重计算的依据，进而通过非局部时空域像素的加权平均，获取高分辨率估计值，实现超分辨率重建。非局部时空域内每个像素的相似性权重 $\omega_{SR}^{PZM}[k,l,i,j,t]$ 的计算方法如下：

$$\omega_{SR}^{PZM}[k,l,i,j,t] = \frac{1}{C(k,l)}\exp\left\{-\frac{\|PZM(k,l)-PZM'(i,j)\|_2^2}{\varepsilon^2}\right\} \tag{4-20}$$

其中：参数 ε 控制指数函数的衰减率和权重的衰减率；$C(k,l)$ 表示归一化常数，计算方法如下：

$$C(k,l) = \sum_{(i,j)\in N_{nonloc}(k,l)} \exp\left\{-\frac{\|PZM(k,l)-PZM'(i,j)\|_2^2}{\varepsilon^2}\right\} \tag{4-21}$$

值得注意的是，在求取 PZM 特征向量的时候，往往矩的阶越大，对噪声就越敏感。为此，在本章实验中，只计算其前三阶矩，包括 PZM_{00}，PZM_{11}，PZM_{20}，PZM_{22}，PZM_{31}，PZM_{33}。

（2）改进的基于视觉显著性和 PZM 特征相似性的时空非局部模糊配准机制

通过分析式(4-20)所示的基于 PZM 的非局部模糊配准机制中的权重计算方法并经实验验证发现，该算法的时间消耗是相当大的。尤其是将其应用于视频序列的超分辨率重建过程中时，随着 LR 视频帧数目和大小的增大，以及超分辨率倍数的增大，这种时间代价的累积是十分严重的。为进一步提升超分辨率算法的时间效率以及对边缘细节信息的保持能力，本章对基于 PZM 的非局部模糊配准机制进行了改进，通过计算 PZM 特征相似性和结构相似性，构建了一种基于视觉显著性的时空非局部模糊配准机制（SBFR）。

SBFR 中的改进之处主要体现在两个方面。①为了提升算法效率，提出了一种基于视觉显著性的时空非局部相似性匹配策略。此外，在相似性匹配过程中，构建了基于区域平均能量和区域结构相似性的自适应区域相关性判断策略。②对于显著性像素区域，提出了一种改进的基于区域 PZM 特征相似性和区域结构相似性的相似性加权策略，实现高精度的鲁棒性时空非局部相似性匹配;对于非显著性像素区域,提出了基于区域能量的相似性加权策略,实现低复杂度的时空非局部相似性匹配。为了具体地描述本章提出的 SBFR 机制,首先定义区域平均能量 $\mathrm{AE}(x,y)$、区域 PZM 特征相似性 $\mathrm{RFS}(R(k,l),R(i,j))$ 和区域结构相似性 $\mathrm{RSS}(R(k,l),R(i,j))$ 三个概念,定义方法如下。

定义 1(区域平均能量) 若图像 F 被分割成大小相同的若干区域,且每个区域包含 5×5 个图像块。每个区域的像素分别标记为 $p_1,p_2,\cdots,p_{\mathrm{Num}}$,像素总数为 Num,则定义 $\mathrm{AE}(x,y)$ 作为以像素 (x,y) 为中心的区域平均能量,且通过如下方法进行计算:

$$\mathrm{AE}(x,y)=\sum_{i=1}^{\mathrm{Num}}p_i/\mathrm{Num} \tag{4-22}$$

定义 2(区域 PZM 特征相似性) 给定两个区域 $R(k,l)$ 和 $R(i,j)$,分别以像素 (k,l) 和 (i,j) 为中心,且分别提取这两个区域相应的 PZM 特征向量 $\mathrm{PZM}(k,l)$ 和 $\mathrm{PZM}'(i,j)$,参数 ε 控制指数函数的衰减率,则定义这两个区域之间的 PZM 特征相似性为:

$$\mathrm{RFS}(R(k,l),R(i,j))=\exp\left\{-\frac{\|\mathrm{PZM}(k,l)-\mathrm{PZM}'(i,j)\|_2^2}{\varepsilon^2}\right\} \tag{4-23}$$

定义 3(区域结构相似性) 给定两个区域 $R(k,l)$ 和 $R(i,j)$,分别以像素 (k,l) 和 (i,j) 为中心,$\eta_{(k,l)}$ 和 $\eta_{(i,j)}$ 分别是这两个区域的均值,$\sigma_{(k,l)}$ 和 $\sigma_{(i,j)}$ 分别是这两个区域的标准方差,$\sigma_{(k,l,i,j)}$ 是这两个区域之间的协方差,且 e_1 和 e_2 为两个常量,则定义这两个区域之间的结构相似性 $\mathrm{RSS}(R(k,l),R(i,j))$ 为:

$$\mathrm{RSS}(R(k,l),R(i,j))=\frac{(2\eta_{(k,l)}\eta_{(i,j)}+e_1)(2\sigma_{(k,l,i,j)}+e_2)}{(\eta_{(k,l)}^2+\eta_{(i,j)}^2+e_1)(\sigma_{(k,l)}^2+\sigma_{(i,j)}^2+e_2)} \tag{4-24}$$

在构建的 SBFR 机制中,首先对待重建像素 (k,l) 的非局部时空搜索区域内的所有像素 (i,j) 对应的邻域区域进行相关性判断,分为相关区域和不相关区域,然后只选择相关的区域参与权重计算,这样可以加快算法速度,同时更有利于利用更为相似的区域块参与权重计算。在区域相关性判断过程中,综合考虑区域平均能量和融入人眼视觉感知特性的区域结构相似性两方面因素进行相关性计算,同时利用自适应阈值 δ_{adap} 策略,构建自适应的区域选择机制。若两区域相关,则定义如下:

$$|\mathrm{AE}(k,l)-\mathrm{AE}(i,j)|\times((1-\mathrm{RSS}(R(k,l),R(i,j)))/2)<\delta_{\mathrm{adap}} \tag{4-25}$$

自适应阈值 δ_{adap} 的大小是通过待重建像素 (k,l) 对应的邻域区域的平均能量 $\mathrm{AE}(k,l)$ 自适应地确定的,因此可更为精确地对区域间的相关性进行判定。δ_{adap} 计算方法如下:

$$\delta_{\mathrm{adap}}=\lambda\mathrm{AE}(k,l) \tag{4-26}$$

其中:λ 为控制 δ_{adap} 的调节因子。经实验验证发现,当 λ 值设置为 0.08 时,获取的超分辨率性能最佳。

在时空相似性匹配过程中,对于 LR 视频帧 y 中的显著性目标区域 $\boldsymbol{D}_{so} \in \boldsymbol{D}_y$,提出改进的基于区域 PZM 特征相似性和区域结构相似性的相似性加权策略 ω_{SR}^{EPZM} 用于相似性匹配;对于非显著性目标区域 $\boldsymbol{D}_{nso} \in \boldsymbol{D}_y (\boldsymbol{D}_{so} \cup \boldsymbol{D}_{nso} = \boldsymbol{D}_y)$,提出基于区域能量的相似性加权策略 ω_{SR}^{RE} 用于相似性匹配。

为了进一步提升超分辨率精度和细节保持能力,综合利用区域 PZM 特征相似性和区域结构相似性两种相似性度量因素,对式(4-20)中的加权策略进行改进,实现显著性区域 $\boldsymbol{D}_{so} \in \boldsymbol{D}_y$ 的相似性加权 $\omega_{SR}^{EPZM}[k,l,i,j,t]$。改进后的相似性加权策略 $\omega_{SR}^{EPZM}[k,l,i,j,t]$ 的计算方法如式(4-27)所示:

$$
\begin{aligned}
\omega_{SR}^{EPZM}[k,l,i,j,t] &= \frac{1}{C(k,l)} \times RFS(R(k,l),R(i,j)) \times (1-0.000\,2RSS(R(k,l),R(i,j))) \\
&= \begin{cases} \frac{1}{C(k,l)} \times \exp\left\{-\frac{\|PZM(k,l)-PZM'(i,j)\|_2^2}{\varepsilon^2}\right\} \times (1-0.000\,2RSS(R(k,l),R(i,j))), \\ \qquad |AE(k,l)-AE(i,j)| \times ((1-RSS(R(k,l),R(i,j)))/2) < \delta_{adap} \\ 0, \qquad 其他 \end{cases}
\end{aligned}
$$

$$
(4\text{-}27)
$$

$$
\begin{aligned}
C(k,l) &= \sum_{(i,j) \in N_{nonloc}(k,l)} \exp\left\{-\frac{\|PZM(k,l)-PZM'(i,j)\|_2^2}{\varepsilon^2}\right\} \times \\
&\quad (1-0.000\,2RSS(R(k,l),R(i,j)))
\end{aligned}
$$

$$
(4\text{-}28)
$$

其中:(k,l) 表示待重建的像素点;(i,j) 表示待重建像素非局部搜索邻域 $N_{nonloc}(k,l)$ 内的像素点;参数 ε 控制指数函数的衰减率和权重的衰减率;$C(k,l)$ 表示归一化常数。

对于非显著性区域 $\boldsymbol{D}_{nso} \in \boldsymbol{D}_y$ 的时空非局部相似性匹配,提出基于区域能量的加权策略求解非局部相似性权重 $\omega_{SR}^{RE}[k,l,i,j,t]$,计算方法如式(4-29):

$$
\omega_{SR}^{RE}[k,l,i,j,t] = \begin{cases} \exp\left\{-\frac{\|\mathbf{RF}(k,l)-\mathbf{RF}(i,j)\|_2^2}{2h^2}\right\} \times f(\sqrt{(k-i)^2+(l-j)^2}), \\ \qquad |AE(k,l)-AE(i,j)| \times ((1-RSS(R(k,l),R(i,j)))/2) < \delta_{adap} \\ 0, \qquad 其他 \end{cases}
$$

$$
(4\text{-}29)
$$

其中:$\mathbf{RF}(k,l)$ 和 $\mathbf{RF}(i,j)$ 分别表示以像素 (k,l) 及其非局部搜索区域 $N_{nonloc}(k,l)$ 内像素 (i,j) 为中心的局部区域($q \times q$ 局部窗口)的 q^2 维特征向量;h^2 表示控制这两个局部区域之间的灰度级差异的平滑参数。

综上,改进的 SBFR 机制中的相似性权重 $\omega_{SR}^{SBFR}[k,l,i,j,t]$ 的计算方法如下:

$$
\omega_{SR}^{SBFR}[k,l,i,j,t] = \begin{cases} \omega_{SR}^{EPZM}[k,l,i,j,t], & (k,l) \in \boldsymbol{D}_{so} \\ \omega_{SR}^{RE}[k,l,i,j,t], & (k,l) \in \boldsymbol{D}_{nso} \end{cases}
$$

$$
(4\text{-}30)
$$

（3）基于 SBFR 的时空非局部相似性信息融合

时空非局部相似性信息融合是建立在改进的基于视觉显著性的非局部模糊配准机制（SBFR）上的,通过学习待重建视频帧与各低分辨率观测视频帧之间的非局部相似模式,并根据式(4-30)来进行相似性权重计算,进而通过加权平均实现时空信息融合,获取待重建视频帧的目标高分辨率估计,从而避免精确的运动估计,同时可取得较好的去噪效果。

当相似性权重 $\omega_{\mathrm{SR}}^{\mathrm{SBFR}}[k,l,i,j,t]$ 确定之后,待重建视频帧各像素的高分辨率估计可以通过其相邻连续多帧间的非局部时空域内的像素加权平均而获得。基于时空非局部相似性的超分辨率重建目标能量函数表达如下:

$$
\begin{aligned}
\hat{x}_{\mathrm{nl}} &= \arg\min_{\{x(k,l)\}} \left\| x(k,l) - \sum_{t=t_1}^{t_2} \sum_{(i,j)\in N_{\mathrm{nonloc}}(k,l)} \omega_{\mathrm{SR}}^{\mathrm{SBFR}}(k,l,i,j,t)x(i,j) \right\|_2^2 \\
&= \begin{cases}
\arg\min_{\{x(k,l)\}} \left\| x(k,l) - \sum_{t=t_1}^{t_2} \sum_{(i,j)\in N_{\mathrm{nonloc}}(k,l)} \omega_{\mathrm{SR}}^{\mathrm{EPZM}}(k,l,i,j,t)x(i,j) \right\|_2^2, & (k,l)\in \boldsymbol{D}_{\mathrm{so}} \\
\arg\min_{\{x(k,l)\}} \left\| x(k,l) - \sum_{t=t_1}^{t_2} \sum_{(i,j)\in N_{\mathrm{nonloc}}(k,l)} \omega_{\mathrm{SR}}^{\mathrm{RE}}(k,l,i,j,t)x(i,j) \right\|_2^2, & (k,l)\in \boldsymbol{D}_{\mathrm{nso}}
\end{cases}
\end{aligned}
$$

$$(4\text{-}31)$$

其中:$[t_1,t_2]$ 表示 3D 时空域（时序滑动窗口）。通过最小化式(4-31)的目标能量函数,每个 LR 视频帧的目标高分辨率估计可以通过式(4-32)获取。

$$
\hat{x}_{\mathrm{nl}} = \frac{\sum\limits_{(k,l)\in \Psi} \sum\limits_{t\in[t_1,t_2]} \sum\limits_{(i,j)\in N_{\mathrm{nonloc}}(k,l)} \omega_{\mathrm{SR}}^{\mathrm{SBFR}}[k,l,i,j,t]x_t(i,j)}{\sum\limits_{(k,l)\in \Psi} \sum\limits_{t\in[t_1,t_2]} \sum\limits_{(i,j)\in N_{\mathrm{nonloc}}(k,l)} \omega_{\mathrm{SR}}^{\mathrm{SBFR}}[k,l,i,j,t]} \tag{4-32}
$$

其中:Ψ 表示待超分辨率重建的视频帧。

最终,所提出的基于半耦合字典学习和时空非局部自相似性的视频超分辨率重建算法的目标能量函数如式(4-33)所示。

$$
\hat{x}^* = \begin{cases}
\arg\min_{\{x(k,l)\}} \left(E_{\mathrm{SR}}^{\mathrm{CML}} + \lambda \left\| x(k,l) - \sum_{t=t_1}^{t_2} \sum_{(i,j)\in N_{\mathrm{nonloc}}(k,l)} \omega_{\mathrm{SR}}^{\mathrm{EPZM}}(k,l,i,j,t)x(i,j) \right\|_2^2\right) + \gamma\mathrm{DBlu}(X), \\
\qquad\qquad\qquad\qquad\qquad\qquad\qquad\qquad\qquad\qquad\qquad (k,l)\in \boldsymbol{D}_{\mathrm{so}} \\
\arg\min_{\{x(k,l)\}} \left\| x(k,l) - \sum_{t=t_1}^{t_2} \sum_{(i,j)\in N_{\mathrm{nonloc}}(k,l)} \omega_{\mathrm{SR}}^{\mathrm{RE}}(k,l,i,j,t)x(i,j) \right\|_2^2 + \gamma\mathrm{DBlu}(X), \\
\qquad\qquad\qquad\qquad\qquad\qquad\qquad\qquad\qquad\qquad\qquad (k,l)\in \boldsymbol{D}_{\mathrm{nso}}
\end{cases}
$$

$$(4\text{-}33)$$

其中:$E_{\mathrm{SR}}^{\mathrm{CML}}$ 表示式(4-14)定义的能量函数;$\mathrm{DBlu}(X)$ 表示去模糊过程;λ 和 γ 为权重调节因子。

4.4.5　CNLSR 算法步骤

本章提出的基于半耦合字典学习和时空非局部自相似性的超分辨率重建算法 (CNLSR)的具体实现步骤如表 4-1 所示。

表 4-1　CNLSR 算法实现步骤

算法:CNLSR 算法

输入:低分辨率视频序列 $\{y_m[i,j,t]\}_{t=1}^{T}(m=1,\cdots,N)$,超分辨率倍数因子 s,高分辨率训练数据集 X,低分辨率训练数据集 Y,非局部搜索区域大小 $W\times W$,用于相似性权重计算的局部区域大小 $B\times B$,权重控制滤波参数 ε,迭代规模 K

输出:超分辨率重建后的高分辨率视频序列 $\{x_k[i,j,t]\}_{t=1}^{T}(k=1,\cdots,N)$

训练过程:

步骤 1:分别从 LR 训练数据集 Y 和 HR 训练数据集 X 中抽样提取 LR 和 HR 图像块,形成 LR-HR 训练图像块对

步骤 2:基于半耦合字典学习建立 LR-HR 关联映射,通过最小化式(4-7)的目标函数,训练得到 LR-HR 字典对 (D_y,D_x) 和关联映射矩阵 M

超分辨率重建过程:

步骤 1:利用 Bicubic 插值算子对原始 LR 视频序列 $\{y_m[i,j,t]\}_{t=1}^{T}(m=1,\cdots,N)$ 进行初始化,获取其初始估计 $\{Y_p[i,j,t]\}_{t=1}^{T}(p=1,\cdots,N)$

步骤 2:利用学习到的字典对 (D_y,D_x) 和 LR-HR 关联映射矩阵 M,并根据式(4-12)和式(4-13)将视频帧中显著区域的每个 LR 块映射为其高分辨率估计 $\hat{x}$

步骤 3:根据式(4-33)的改进后时空非局部相似性正则化约束更新 $\hat{x}$

步骤 4:通过迭代更新策略对重建结果进行进一步优化。更新迭代计数器 $t=t+1$,如果 $t<K$,返回步骤 3;否则执行步骤 5

步骤 5:根据式(4-33)中的 DBlu(X)进行模糊处理,并设置目标高分辨率估计结果为 $\{x_k[i,j,t]\}_{t=1}^{T}(k=1,\cdots,N)$

4.5　实验结果与分析

4.5.1　实验数据集

本章的实验数据主要来源于从 http://trace.eas.asu.edu/yuv/index.html 网站上

下载的标准视频和从 http://www.youku.com/网站上下载的空间视频,我们将其拆分成帧序列,从而构造了标准和空间视频序列。本章在 3 个标准视频序列(Forman、Calendar 和 Coastguard)和 2 个空间视频序列(Satellite-1 和 Satellite-2)上进行了验证实验。其中 Calendar 序列包含小型运动的目标,Forman、Coastguard、Satellite-1 和 Satellite-2 序列包含中等类型运动的目标,并且这些视频序列均包含复杂的运动场景,如局部运动、角度旋转、闭塞运动区域、突然出现的目标区域等。对于降质后的低分辨率视频序列,本章分别进行 3 倍和 4 倍的超分辨率重建实验。

4.5.2　客观评价指标

对于本章提出的 CNLSR 算法的性能,从主观视觉效果和四个客观评价指标进行评价。对于重建效果的定量客观评价,主要采用了如下四个客观评价指标,分别是峰值信噪比(PSNR)、结构相似度(SSIM)、特征相似度(FSIM)、均方根误差(RMSE),计算方法分别如下。

(1) PSNR 指标

PSNR 值越大,说明重建后的视频帧与原始视频帧越接近。PSNR 定义为:

$$\text{PSNR} = 10 \log_{10} \frac{255^2}{\frac{1}{M \times N} \sum_{i=1}^{M} \sum_{j=1}^{N} (R(i,j) - F(i,j))^2} \text{ dB} \qquad (4\text{-}34)$$

其中:M 和 N 分别表示视频帧的长和宽;函数 $R(i,j)$ 和 $F(i,j)$ 分别表示重建后的视频帧和原始视频帧。

(2) SSIM 指标

SSIM($0 \leqslant \text{SSIM} \leqslant 1$)的值越接近于 1,说明重建后的视频帧与原始视频帧的结构越相似。SSIM 定义为:

$$\text{SSIM} = \frac{(2\eta_R \eta_F + e_1)(2\sigma_{RF} + e_2)}{(\eta_R^2 + \eta_F^2 + e_1)(\sigma_R^2 + \sigma_F^2 + e_2)} \qquad (4\text{-}35)$$

其中:η_R 和 η_F 分别表示原始视频帧和重建后视频帧的均值;σ_R 和 σ_F 分别表示二者的标准差;σ_{RF} 表示二者的协方差;e_1 和 e_2 是常量。

(3) FSIM 指标

FSIM($0 \leqslant \text{FSIM} \leqslant 1$)的值越接近于 1,说明重建后的视频帧与原始视频帧的特征越相似。FSIM 定义为:

$$\text{FSIM} = \frac{\sum\limits_{x \in \Omega} S_L(x) \cdot [S_C(x)]^{\lambda} \cdot PC_m(x)}{\sum\limits_{x \in \Omega} PC_m(x)} \tag{4-36}$$

其中：Ω 表示视频帧的整个空间域；$S_L(x)$ 表示重建后的视频帧 R 与原始视频帧 F 之间的相位一致性和梯度幅值相似度；$S_C(x)$ 表示 R 和 F 之间的色度相似度度量；$PC_m(x)$ 用于对 R 和 F 之间的整体相似度中 $S_L(x)$ 的重要性进行加权。其中，$S_L(x)$、$S_C(x)$ 和 $PC_m(x)$ 根据文献[25]中的相应公式计算得出。

（4）RMSE 指标

RMSE 值越大，说明重建后的视频帧与原始视频帧越接近。RMSE 定义为：

$$\text{RMSE} = \sqrt{\frac{1}{M \times N} \sum_{i=1}^{M} \sum_{j=1}^{N} (R(i,j) - F(i,j))^2} \tag{4-37}$$

其中：M 和 N 分别表示视频帧的长和宽；函数 $R(i,j)$ 和 $F(i,j)$ 分别表示重建后的视频帧和原始视频帧。

4.5.3　实验结果与分析

1. 实验 1：不同算法在同噪声级别无角度旋转时的超分辨率重建实验

本节对 CNLSR 超分辨率重建算法的性能进行实验验证，并与最近新提出的其他 8 种代表性的先进超分辨率重建算法进行了对比和分析，包括基于学习机制的 ANRSR[26]、ScSR[15]、DPSR[18]、A+[27]、SCDL[16] 和 CNN-SR[28] 算法，以及基于时空相似性的 NL-SR[6] 和 ZM-SR[8] 算法。对于不同算法的性能，分别从主观视觉效果和客观评价指标方面进行评价。在实验中，选用 3 组标准视频序列和 2 组空间视频序列进行实验，分别为 Forman（352×288/帧）、Calendar（720×576/帧）、Coastguard（352×288/帧）、Satellite-1（640×346/帧）和 Satellite-2（592×256/帧），并对各个视频序列进行如下降质处理：对每个视频序列分别进行 1：3 和 1：4 的下采样处理，并加载噪声级别 $\sigma = 2$ 的高斯白噪声；对降质后的视频序列分别进行 3 倍和 4 倍的超分辨率重建。上述 CNLSR 算法中，在非局部相似性匹配过程中用于相似性权重计算的时空域为 $3 \times 3 \times 6$。

（1）主观视觉评价

图 4-3 给出了标准视频序列 Forman 的第 6 帧在 9 种不同算法（ANRSR、DPSR、CNN-SR、ScSR、A+、NL-SR、SCDL、ZM-SR 和 CNLSR）下的 3 倍超分辨率重建视觉效果，并展示了局部细节放大效果。Forman 序列中包含中等类型的运动目标，如头部和嘴

部的局部运动,眼睛的旋转运动等。通过分析全局和局部的细节效果(如眼睛周边区域),我们发现,显然 CNLSR 算法取得了比其他 8 种算法更好的视觉效果。基于学习机制的 ANRSR、DPSR、A+、CNN-SR 和 ScSR 算法在脸部皮肤区域产生了斑点和伪影瑕疵,引入了新的噪声干扰,并且视觉效果不自然。SCDL 算法在图像边缘产生了一些干扰瑕疵。ZM-SR 算法产生了边缘和细节模糊现象。NL-SR 算法产生了明显的块效应,主要是因为局部复杂运动影响了视频帧间非局部相似性匹配和融合的精度,而 NL-SR 中的帧间相似性匹配方法不能很好地适应这种局部复杂运动场景。本章提出的 CNLSR 算法能够有效地克服这一问题,这主要得益于本章中的时空相似性匹配过程具有更强的鲁棒性,能够适应这种复杂运动场景。相比之下,本章提出的 CNLSR 算法不但获取了更加清晰的边缘和轮廓,而且对脸部区域的重建效果更加平滑。

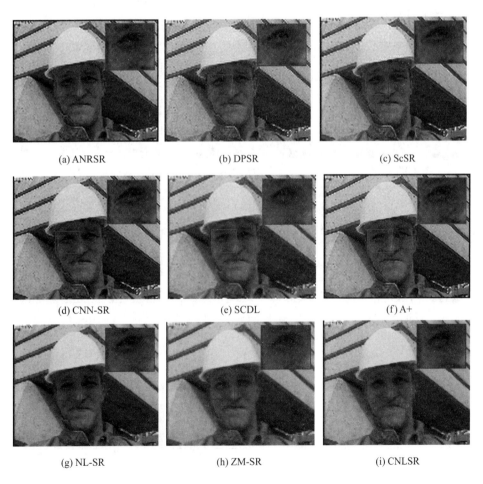

图 4-3　不同算法对标准视频序列 Forman 中第 6 帧的超分辨率重建效果

图 4-4 给出了不同算法对标准视频序列 Calendar 第 29 帧的 3 倍超分辨率重建效果，其中局部细节放大效果如图中矩形框中所示。结果表明，CNLSR 算法产生的视觉效果最好，边缘轮廓和细节信息更加清晰。Calendar 序列中包含复杂的目标运动，包括旋转运动、闭塞区域以及新出现的目标区域等。在这种复杂运动场景下，CNLSR 算法依然具有较好的表现，这主要得益于改进后的基于 PZM 特征和结构相似性的时空非局部模糊配准机制，该机制对复杂运动场景具有较好的鲁棒性。从局部放大细节效果来看，ANRSR、DPSR、A＋、CNN-SR、SCDL 和 ScSR 算法在每个日期数字的周边引入了明显的白色瑕疵和伪影等干扰信息。ZM-SR 算法中存在边缘和细节模糊问题。从矩形框内日历的局部细节来看，CNLSR 算法和 NL-SR 算法产生的重建效果类似，但从放大了的小路的重建效果来看，CNLSR 算法产生了更加平滑的效果，而 NL-SR 算法中产生了不连续的边缘和块效应。

(a) ANRSR   (b) DPSR   (c) ScSR

(d) CNN-SR   (e) SCDL   (f) A+

(g) NL-SR   (h) ZM-SR   (i) CNLSR

图 4-4　不同算法对标准视频序列 Calendar 中第 29 帧的超分辨率重建效果

　　不同算法对标准视频序列 Coastguard 第 18 帧的 3 倍超分辨率重建整体效果和局部细节放大效果如图 4-5 所示。Coastguard 序列中包含复杂的背景,如石子不规则的河岸,以及目标船和摄像机的同时运动。而且,该序列中也出现了旋转、闭塞区域、新出现的目标区域等复杂的运动场景。在如此复杂的运动场景下,CNLSR 算法依然表现出了比其他 8 种算法更好的性能。从矩形框内标出的局部细节放大效果以及背景区域的细节效果来看,在 ANRSR、DPSR、CNN-SR、A+和 ScSR 算法中产生了明显的黑点瑕疵和块效应问题。SCDL 算法在图像边缘处产生了噪声干扰瑕疵。边缘和细节模糊问题出现在 ZM-SR 算法中,尤其是在复杂的石岸背景区域。NL-SR 算法产生了块效应问题以及不连续的边缘轮廓,主要是因为其所采取的非局部相似性匹配策略不能很好地适应复杂运动场景。

图 4-5　不同算法对标准视频序列 Coastguard 中第 18 帧的超分辨率重建效果

图 4-6 给出了不同算法对空间视频序列 Satellite-1 第 21 帧的 3 倍超分辨率重建视觉效果和局部细节放大效果。结果表明,CNLSR 算法和 SCDL 算法取得了类似的视觉效果,但优于其他几种对比算法,产生了更加清晰的目标细节和更加平滑的效果。CNLSR 算法产生了更高质量的运动目标细节信息。而 ANRSR、DPSR、CNN-SR、A＋和 ScSR 算法在边缘区域产生了明显的瑕疵,并且重建后色彩不自然。NL-SR 算法中存在块效应问题。ZM-SR 算法产生了模糊的边缘细节和双边缘现象。

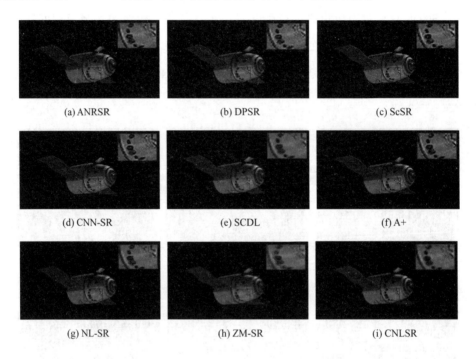

图 4-6　不同算法对空间视频序列 Satellite-1 中第 21 帧的超分辨率重建效果

不同算法对空间视频序列 Satellite-2 第 3 帧的 3 倍超分辨率重建视觉效果和局部细节放大效果如图 4-7 所示。Satellite-2 序列中包含局部运动、亮度变化和更多的目标细节。观察矩形框内显示的局部细节放大效果可以看出,CNLSR 算法取得了和 SCDL 算法类似的重建效果,但优于其他对比算法,视觉效果更加自然且目标细节更加清晰。ANRSR、DPSR、CNN-SR、A＋和 ScSR 算法产生了一些黑点瑕疵,且重建后视觉效果不自然。NL-SR 算法产生了块效应和锯齿现象。ZM-SR 算法产生了模糊的目标细节信息。

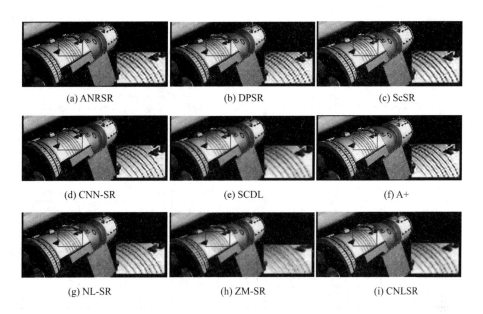

图 4-7 不同算法对空间视频序列 Satellite-2 中第 3 帧的超分辨率重建效果

（2）客观评价指标对比及分析

表 4-2 和表 4-3 分别给出了 5 组视频序列分别在 9 种不同算法（ANRSR、DPSR、CNN-SR、ScSR、A＋、NL-SR、SCDL、ZM-SR 和 CNLSR）下 3 倍和 4 倍超分辨率重建效果的 PSNR、SSIM、FSIM 和 RMSE 客观评价指标平均值。图 4-8 和图 4-9 分别给出了空间视频序列 Satellite-1 和 Satellite-2 在不同算法下重建效果的 PSNR、SSIM 和 RMSE 指标的对比曲线。不同算法对标准视频序列 Forman、Calendar 和 Coastguard 重建效果的 SSIM 指标和 FSIM 指标的对比曲线分别如图 4-10 和图 4-11 所示。

表 4-2　9 种不同算法的 3 倍超分辨率重建效果的平均 PSNR、SSIM、FSIM 和 RMSE 指标值

视频序列	评价指标	ANRSR	DPSR	CNN-SR	ScSR	A＋	NL-SR	SCDL	ZM-SR	CNLSR
Satellite-1	PSNR	32.611 2	32.261 0	32.064 0	32.227 4	32.513 5	33.004 3	33.382 9	33.097 6	34.268 1
	SSIM	0.848 5	0.833 0	0.849 0	0.838 8	0.843 8	0.887 2	0.892 6	0.888 1	0.907 5
	FSIM	0.781 7	0.769 2	0.777 2	0.778 1	0.779 2	0.799 4	0.790 5	0.808 2	0.807 7
	RMSE	0.002 7	0.002 8	0.002 8	0.002 8	0.002 7	0.002 7	0.002 4	0.002 6	0.002 3
Satellite-2	PSNR	26.739 3	27.641 9	27.283 9	27.843 2	26.579 5	27.843 2	31.378 1	28.721 6	31.380 2
	SSIM	0.792 5	0.765 4	0.783 4	0.773 2	0.787 8	0.773 2	0.878 2	0.818 2	0.878 3
	FSIM	0.899 1	0.903 5	0.904 6	0.908 8	0.896 6	0.908 8	0.947 4	0.918 0	0.947 5
	RMSE	0.006 7	0.006 0	0.006 2	0.006 0	0.006 8	0.005 9	0.004 0	0.005 5	0.004 0

视频序列	评价指标	ANRSR	DPSR	CNN-SR	ScSR	A+	NL-SR	SCDL	ZM-SR	CNLSR
Forman	PSNR	23.609 4	28.887 0	28.410 5	28.700 7	23.553 5	29.352 2	30.923 7	30.065 8	30.924 8
	SSIM	0.773 6	0.737 9	0.755 3	0.747 4	0.765 6	0.818 4	0.882 1	0.832 9	0.882 0
	FSIM	0.868 0	0.897 7	0.890 8	0.902 2	0.862 8	0.921 4	0.954 7	0.924 5	0.954 7
	RMSE	0.012 0	0.007 2	0.007 5	0.007 3	0.012 0	0.007 2	0.005 8	0.006 5	0.005 8
Calendar	PSNR	21.812 5	21.821 8	21.573 1	21.732 1	21.672 2	22.514 6	24.552 2	23.325 0	24.560 5
	SSIM	0.527 4	0.496 8	0.509 3	0.495 4	0.525 5	0.548 3	0.653 3	0.550 8	0.652 6
	FSIM	0.867 5	0.865 4	0.865 3	0.865 4	0.867 7	0.886 3	0.924 4	0.891 2	0.924 5
	RMSE	0.008 0	0.008 0	0.008 1	0.008 0	0.008 1	0.007 8	0.005 9	0.007 1	0.005 9
Coastguard	PSNR	23.560 4	25.958 3	25.733 8	25.874 7	23.426 2	26.822 3	29.482 7	27.786 3	29.483 0
	SSIM	0.550 7	0.574 7	0.528 0	0.525 5	0.533 4	0.572 1	0.697 8	0.602 2	0.697 7
	FSIM	0.785 2	0.814 0	0.807 6	0.820 7	0.778 9	0.820 1	0.874 8	0.839 9	0.874 7
	RMSE	0.011 3	0.008 6	0.008 8	0.008 7	0.011 4	0.008 3	0.005 8	0.007 3	0.005 8

表 4-3 9 种不同算法的 4 倍超分辨率重建效果的平均 PSNR、SSIM、FSIM 和 RMSE 指标值

视频序列	评价指标	ANRSR	DPSR	CNN-SR	ScSR	A+	NL-SR	SCDL	ZM-SR	CNLSR
Satellite-1	PSNR	31.625 4	31.149 7	30.974 2	30.883 6	31.463 3	31.349 5	32.502 1	31.380 8	32.505 8
	SSIM	0.840 5	0.823 7	0.846 6	0.816 0	0.836 4	0.860 7	0.878 8	0.858 4	0.879 6
	FSIM	0.801 4	0.784 8	0.793 5	0.777 3	0.798 4	0.791 7	0.802 0	0.790 5	0.816 5
	RMSE	0.003 0	0.003 2	0.003 2	0.003 3	0.003 1	0.003 3	0.002 8	0.003 3	0.002 7
Satellite-2	PSNR	24.894 1	25.658 8	25.306 5	25.425 0	24.789 4	25.351 4	27.677 1	25.680 3	27.677 2
	SSIM	0.738 1	0.710 8	0.731 5	0.706 3	0.736 2	0.738 3	0.791 0	0.732 0	0.791 2
	FSIM	0.873 0	0.875 0	0.875 6	0.870 5	0.871 4	0.873 3	0.903 3	0.874 6	0.903 3
	RMSE	0.008 2	0.007 5	0.007 7	0.007 7	0.008 3	0.008 2	0.006 0	0.007 9	0.006 0
Forman	PSNR	22.140 3	27.421 8	26.615 1	26.763 4	22.075 8	26.885 0	28.712 9	26.033 2	28.713 0
	SSIM	0.711 0	0.668 4	0.697 5	0.660 6	0.703 3	0.722 1	0.788 4	0.726 2	0.788 4
	FSIM	0.836 0	0.872 3	0.855 6	0.855 6	0.827 7	0.874 4	0.909 0	0.868 6	0.909 0
	RMSE	0.014 0	0.008 2	0.008 9	0.008 8	0.014 1	0.009 5	0.007 3	0.009 8	0.007 3
Calendar	PSNR	20.425 9	20.345 6	20.131 0	20.193 2	20.308 0	20.298 3	21.856 1	20.845 9	21.856 2
	SSIM	0.421 9	0.392 9	0.410 4	0.394 6	0.422 1	0.397 4	0.481 8	0.391 8	0.481 8
	FSIM	0.821 6	0.811 0	0.809 5	0.808 8	0.820 2	0.822 0	0.851 2	0.825 5	0.851 2
	RMSE	0.009 2	0.009 2	0.009 4	0.009 4	0.009 3	0.010 3	0.008 0	0.009 3	0.008 0
Coastguard	PSNR	22.330 2	24.724 6	24.504	24.515 9	22.207 6	24.586 2	26.291 1	25.043	26.291 3
	SSIM	0.473 8	0.449 8	0.456 9	0.440 0	0.460 5	0.440 3	0.533 3	0.444 1	0.533 3
	FSIM	0.781 0	0.813 0	0.795 9	0.802 4	0.774 6	0.784 4	0.814 9	0.789 6	0.815 0
	RMSE	0.013 1	0.010 1	0.010 3	0.010 3	0.013 3	0.011 0	0.008 6	0.010 1	0.008 6

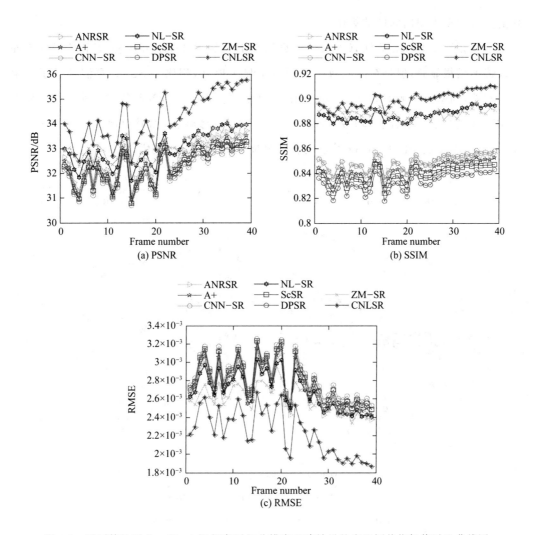

图 4-8 不同算法对 Satellite-1 视频序列超分辨率重建效果的客观评价指标值对比曲线图

表 4-2、表 4-3、图 4-8 和图 4-9 中的实验结果表明,CNLSR 算法在大多数情况下相比其他 8 种对比算法性能更高,获取了更高的 PSNR、SSIM 和 FSIM 指标值,以及更小的 RMSE 指标值。通过分析表 4-2 中 3 倍超分辨率重建的实验结果,可以看出:相比于 ANRSR、DPSR、CNN-SR、ScSR、A＋、NL-SR、SCDL 和 ZM-SR 8 种对比算法,CNLSR 算法在 PSNR 指标方面分别平均提升了 17.4％、10.3％、11.5％、10.4％、17.9％、7.9％、0.6％和 5.3％;在 SSIM 指标方面分别平均提升了 15％、17.9％、17.3％、18.9％、16.3％、11.6％、0.4％和 8.9％;在 FSIM 指标方面分别平均提升了 7.3％、6.1％、6.2％、5.5％、7.7％、4％、0.4％和 2.9％;在 RMSE 指标方面分别平均降低了 41.5％、27％、28.7％、27.4％、42％、25.4％、0.4％和 17.9％。同理,表 4-3 中的 4 倍超分辨率重

建的实验数据表现出同样的规律。

尽管相比于 SCDL 算法，CNLSE 的算法在 PSNR、SSIM、FSIM 和 RMSE 指标方面的改善不是很显著，但是在时间效率方面有了显著提升，相比于 SCDL 算法提升了 3 倍多。此外，与基于单帧的 SCDL 算法相比，SCDL 算法通过视频帧间的时空非局部相似性结构互补冗余信息融合能够有效地保护视频的时空一致性，从而避免视频帧间的抖动现象。因此，本章提出的 CNLSR 算法的整体性能比 SCDL 算法更优。

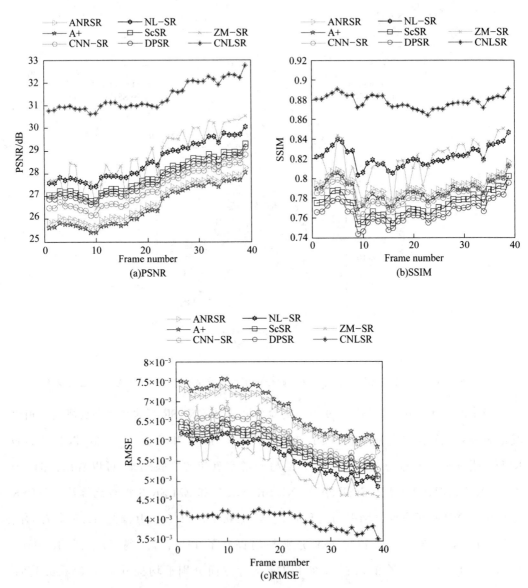

图 4-9　不同算法对 Satellite-2 视频序列超分辨率重建效果的客观评价指标值对比曲线图

SSIM 和 FSIM 指标值表明,与其他对比算法相比,CNLSR 算法产生的超分辨率重建效果从结构相似度和特征相似度方面更加接近于原始视频序列,这主要得益于本章中 LR-HR 关联映射学习和时空相似性的结合更加精确地恢复出了更多的高频细节信息。

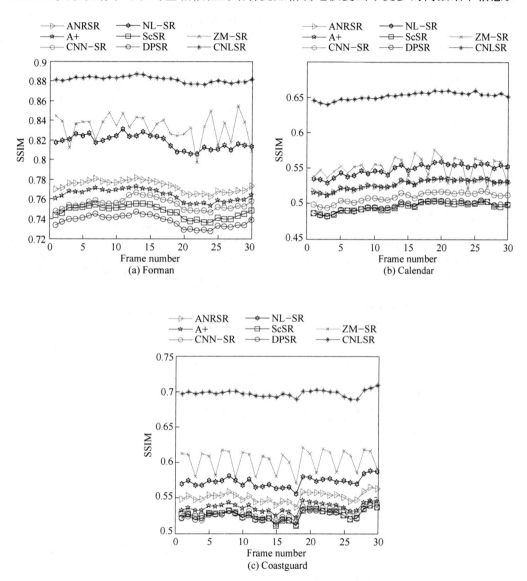

图 4-10 不同算法对 Forman、Calendar 和 Coastguard 视频序列超分辨率重建
效果的 SSIM 客观评价指标值对比曲线图

此外,本节对不同的时空相似性匹配策略的时间效率进行了实验,验证了如下两种相似性匹配策略,分别是基于 PZM 的时空非局部模糊配准机制(ZFR)和本章改进后的基于视觉显著性的非局部模糊配准机制(SBFR)。表 4-4 给出了以上两种策略下分别对

Satellite-1、Satellite-2、Forman、Calendar 和 Coastguard 序列平均每帧的处理时间。实验结果表明，与 ZFR 机制相比，SBFR 机制在保证相似性匹配效果的同时，显著提升了算法的时间效率。其原因主要在于采用改进后的新的基于视觉显著性的时空非局部相似性匹配策略以及基于区域平均能量和区域结构相似性的自适应区域相关性判断策略，在时间效率上较 ZFR 机制会有较大改善。

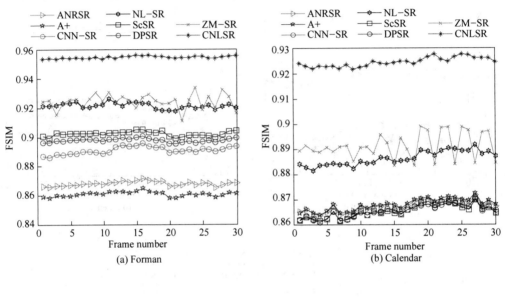

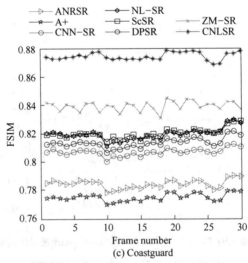

图 4-11　不同算法对 Forman、Calendar 和 Coastguard 视频序列超分辨率重建
效果的 FSIM 客观评价指标值对比曲线图

表 4-4　ZFR 和 SBRF 机制的时间效率对比

视频序列	ZFR 机制	SBFR 机制
Satellite-1	74.56 s	6.68 s
Satellite-2	52.18 s	9.09 s
Forman	34.38 s	6.56 s
Calendar	139.20 s	20.54 s
Coastguard	34.55 s	5.53 s

2. 实验 2:时空非局部相似性约束的性能验证实验

本组实验对添加时空非局部相似性约束后的基于单帧的 ANRSR、DPSR 和 ScSR 算法进行了验证,分别命名为 ANRSR_STNS、DPSR_STNS 和 ScSR_STNS。从表 4-5 和图 4-12 所示的实验结果来看,ANRSR_STNS、DPSR_STNS 和 ScSR_STNS 算法分别相比添加约束前的 ANRSR、DPSR 和 SCSR 算法性能更高。由此可以看出额外的时空非局部相似性约束能够提升基于单帧的超分辨率重建算法的性能。其原因主要在于加了时空约束后,能够充分利用视频帧间的时空关系,从而能够有效地保护视频的时空一致性。而相比于 ANRSR_STNS、DPSR_STNS 和 ScSR_STNS 算法,CNLSR 算法仍然表现出更优的性能:在 PSNR 指标方面,分别平均提升了 15.92%、8.06% 和 8.16%;在 SSIM 指标方面,分别平均提升了 12.93%、14.87% 和 15.47%;在 FSIM 指标方面,分别平均提升了 6.51%、4.98% 和 4.46%;在 RMSE 指标方面,分别平均降低了 47.75%、30.12% 和 30.12%。

表 4-5　时空非局部相似性约束添加前后的视频超分辨率重建性能客观评价指标值对比

视频序列	Index	ANRSR	ANRSR _STNS	DPSR	DPSR _STNS	ScSR	ScSR _STNS	CNLSR
Satellite-1	PSNR	32.611 2	33.001 8	32.261 0	32.793 7	32.227 4	32.838 6	34.268 1
	SSIM	0.848 5	0.855 7	0.833 0	0.846 0	0.838 8	0.850 9	0.907 5
	FSIM	0.781 7	0.788 4	0.769 2	0.777 4	0.778 1	0.786 0	0.807 7
	RMSE	0.002 7	0.002 7	0.002 8	0.002 7	0.002 8	0.002 7	0.002 3
Satellite-2	PSNR	26.739 3	27.349 5	27.641 9	28.698 2	27.843 2	28.770 0	31.380 2
	SSIM	0.792 5	0.804 4	0.765 4	0.788 6	0.773 2	0.792 5	0.878 3
	FSIM	0.899 1	0.903 8	0.903 5	0.912 1	0.908 8	0.915 4	0.947 5
	RMSE	0.006 7	0.006 4	0.006 0	0.005 6	0.006 0	0.005 5	0.004 0
Forman	PSNR	23.609 4	23.642 4	28.887 0	29.052 3	28.700 7	28.869 3	30.924 8
	SSIM	0.773 6	0.793 0	0.737 9	0.767 1	0.747 4	0.774 8	0.882 0
	FSIM	0.868 0	0.875 9	0.897 7	0.908 4	0.902 2	0.911 8	0.954 7
	RMSE	0.012 0	0.012 0	0.007 2	0.007 1	0.007 3	0.007 2	0.005 8

续 表

视频序列	Index	ANRSR	ANRSR_STNS	DPSR	DPSR_STNS	ScSR	ScSR_STNS	CNLSR
Calendar	PSNR	21. 812 5	22. 101 5	21. 821 8	22. 215 0	21. 732 1	22. 144 0	24. 560 5
	SSIM	0. 527 4	0. 539 3	0. 496 8	0. 518 4	0. 495 4	0. 514 7	0. 652 6
	FSIM	0. 867 5	0. 876 6	0. 865 4	0. 876 1	0. 865 4	0. 876 1	0. 924 5
	RMSE	0. 008 0	0. 007 9	0. 008 0	0. 007 8	0. 008 0	0. 007 9	0. 005 9
Coastguard	PSNR	23. 560 4	23. 838 2	25. 958 3	26. 622 2	25. 874 7	26. 626 5	29. 483 0
	SSIM	0. 550 7	0. 565 8	0. 574 7	0. 577 8	0. 525 5	0. 546 9	0. 697 7
	FSIM	0. 785 2	0. 788 7	0. 814 0	0. 821 1	0. 820 7	0. 827 1	0. 874 7
	RMSE	0. 011 3	0. 011 1	0. 008 6	0. 008 3	0. 008 7	0. 008 3	0. 005 8

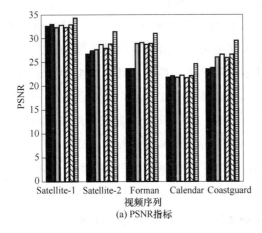

(a) PSNR指标

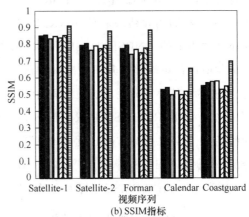

(b) SSIM指标

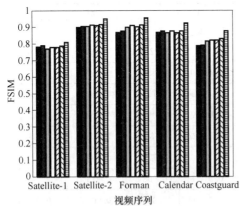

(c) FSIM指标

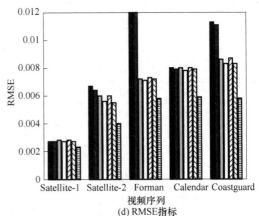

(d) RMSE指标

■ ANRSR ■ ANRSR-STNS □ DPSR □ DPSR-STNS ▨ ScSR ▧ ScSR-STNS ▤ CNLSR

图 4-12　添加时空非局部相似性约束前后的视频超分辨率重建性能
客观评价指标值对比

我们还验证了提出的时空非局部相似性约束在不同相似性加权策略下的性能,对比了两种相似性加权策略,分别是基于粗糙块的加权策略(CNLSR_raw patch)和基于 PZM 特征的加权策略(CNLSR_PZM)。观察表 4-6 和图 4-13 所示的实验结果可以看出,CNLSR_PZM 相比 CNLSR_raw patch 在四个客观评价指标(PSNR、SSIM、FSIM 和 RMSE)方面表现出更优的性能。这主要得益于 PZM 特征较好的旋转、平移和尺度不变性,以及对噪声和光照的不敏感性。因此,基于该特征可进一步改进非局部模糊配准机制的性能,实现更加精确和鲁棒的非局部时空域内区域特征间的相似性度量,从而使基于这种新机制下的超分辨率重建性能和鲁棒性得到提升。不同于传统方法,这种新机制不依赖精确的亚像素运动估计,因而能够适应复杂的运动场景,并且具有较好的噪声鲁棒性和角度旋转不变性。

**表 4-6　CNLSR_raw patch 和 CNLSR_PZM 不同相似性加权策略下的
超分辨率重建性能的客观评价指标值对比**

视频序列	方法	PSNR	SSIM	FSIM	RMSE
Satellite-1	CNLSR_raw patch	33.996 8	0.894 4	0.802 6	0.002 3
	CNLSR_PZM	34.2681	0.907 5	0.807 7	0.002 3
Satellite-2	CNLSR_raw patch	30.783 7	0.867 0	0.942 4	0.004 3
	CNLSR_PZM	31.380 2	0.878 3	0.947 5	0.004 0
Forman	CNLSR_raw patch	30.833 1	0.876 9	0.952 7	0.005 9
	CNLSR_PZM	30.924 8	0.882 0	0.954 7	0.005 8
Calendar	CNLSR_raw patch	24.424 3	0.643 8	0.922 3	0.006 1
	CNLSR_PZM	24.560 5	0.652 6	0.924 5	0.005 9
Coastguard	CNLSR_raw patch	29.317 8	0.689 7	0.873 1	0.006 0
	CNLSR_PZM	29.483 0	0.697 7	0.874 7	0.005 8

3. 实验 3:不同噪声级别下的超分辨率重建对比实验

本节实验主要对 CNLSR 算法中改进后的时空非局部模糊配准机制的噪声鲁棒性进行验证,并与最新的两种基于模糊配准机制的 NL-SR 和 ZM-SR 算法进行对比分析。在实验中,利用 Satellite-2、Forman 和 Coastguard 视频序列中的前 6 帧连续帧进行实验,对每个序列进行了如下降质处理:1∶3 下采样处理,并分别添加均值为 0,标准方差分别为 0.2、0.4、0.6、0.8、1.0 和 1.2 的高斯白噪声。表 4-7 给出了不同噪声级别下不同算法重建效果的平均 PSNR 指标值。实验结果表明,相比于 NL-SR 和 ZM-SR 算法,CNLSR 算法使所有噪声级别均取得了更高的 PSNR 指标值,分别平均提升了 4% 和 2%。这主要得益于所采用的 PZM 特征具有较好的噪声不敏感性,因而使得 CNLSR 算法获得了较好的噪声鲁棒性。

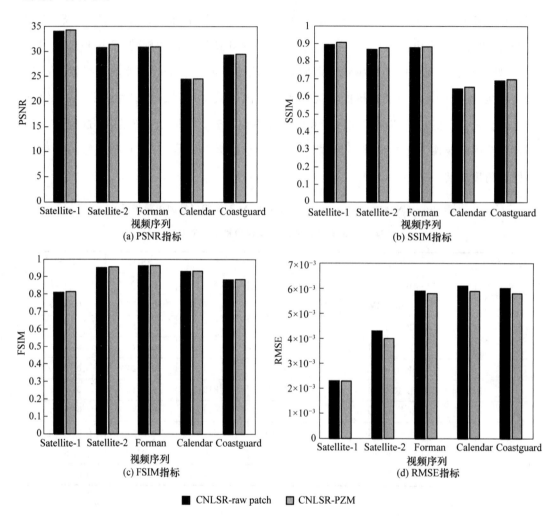

图 4-13　CNLSR_raw patch 和 CNLSR_PZM 不同相似性加权策略下的超分辨率

重建性能的客观评价指标值对比

表 4-7　不同噪声级别下不同算法的超分辨率重建效果的 PSNR 客观评价指标值对比

算法	Satellite-2	Forman	Coastguard
NL-SR	27.748 1	29.472 9	26.950 3
ZM-SR	27.920 2	30.125 6	27.989 3
CNLSR	29.173 2	30.361 5	28.182 1

4. 实验 4：有角度旋转情况下的超分辨率重建实验

本节实验主要对 CNLSR 算法中改进后的时空非局部模糊配准机制在有角度旋转的情况下的性能进行分析，并与基于模糊配准机制的 NL-SR 和 ZM-SR 算法进行对比。利用每个视频的前 6 帧连续视频帧进行实验，并对每个视频序列进行如下降质处理：分别对第 3 帧和第 6 帧添加小的角度旋转，每个视频帧进行 1：3 下采样处理，并添加均值为 0、标准方差为 2 的高斯白噪声。

表 4-8　有角度旋转的情况下不同算法的超分辨率重建效果的 FSIM 客观评价指标值对比

算法	Satellite-2	Forman	Coastguard
NL-SR	0.881 4	0.896 4	0.806 8
ZM-SR	0.879 8	0.903 7	0.820 1
CNLSR	0.889 1	0.909 9	0.825 0

不同算法在有角度旋转的情况下的超分辨率重建效果的平均 FSIM 指标值如表 4-8 所示。实验结果表明，CNLSR 算法相比于 NL-SR 和 ZM-SR 算法，总是表现出更好的性能，能获取了更高的 FSIM 指标值。由于 PZM 特征具有较好的旋转不变特性，因此 CNLSR 算法极大地受益于改进后的时空非局部模糊配准机制，使其能较好地适用于角度旋转等复杂的运动场景。

本 章 小 结

本章提出了基于半耦合字典学习和时空非局部相似性的视频超分辨率重建算法（CNLSR），结合 LR-HR 关联映射学习以及时空域非局部相似性，并通过融合不同时空尺度的非局部相似性结构冗余，进一步提升视频超分辨率重建性能。为了在保证超分辨率重建质量的同时，提升算法效率，本章提出了基于视觉显著性的关联映射学习和时空非局部相似性匹配策略，并在时空相似性匹配过程中，采用了基于区域平均能量和结构相似性的自适应区域相关性判断策略，提出了基于视觉显著性的时空非局部模糊配准机制用于时空相似性匹配。对于显著性目标区域，本章提出了基于区域伪 Zernike 矩特征相似性和结构相似性的时空非局部相似性匹配策略，以进一步提升 SR 精度和鲁棒性；对于非显著性目标区域,提出了基于区域能量的低复杂度时空非局部相似性匹配策略。

本章设计了四组实验,分别为:不同算法在同噪声级别无角度旋转时的超分辨率重建实验、时空非局部相似性约束的性能验证实验、不同噪声级别下的超分辨率重建对比实验和有角度旋转情况下的超分辨率重建实验。实验结果表明,相比于 ANRSR、DPSR、CNN-SR、ScSR、A+、NL-SR、SCDL 和 ZM-SR 8 种对比算法,本章提出的 CNLSR 算法在 PSNR 指标方面分别平均提升了 17.4%、10.3%、11.5%、10.4%、17.9%、7.9%、0.6% 和 5.3%;在 SSIM 指标方面分别平均提升了 15%、17.9%、17.3%、18.9%、16.3%、11.6%、0.4% 和 8.9%;在 FSIM 指标方面分别平均提升了 7.3%、6.1%、6.2%、5.5%、7.7%、4%、0.4% 和 2.9%;在 RMSE 指标方面分别平均降低了 41.5%、27%、28.7%、27.4%、42%、25.4%、0.4% 和 17.9%。与其他 8 种对比算法相比,CNLSR 算法无论是在 3 倍还是 4 倍的超分辨率重建中均取得了更高的整体性能。此外,额外的时空非局部相似性约束能够提升单纯基于学习机制的超分辨率重建算法的性能,更好地保护视频的时空一致性。而且,时空非局部相似性约束不依赖精确的亚像素运动估计,因而能够适用于复杂的运动场景,并且具有较好的噪声鲁棒性和角度旋转不变性。

参 考 文 献

[1] ZHOU L, LU X B, YANG L. A local structure adaptive super-resolution reconstruction method based on BTV regularization[J]. Multimedia Tools and Applications, 2014, 71: 1879-1892.

[2] GIACHETTI A, ASUNI N. Real-time artifact-free image upscaling[J]. IEEE Transactions on Image Processing, 2012, 21(4): 2361-2369.

[3] DONG W H, ZHANG L, LUKAC R, SHI G M. Sparse representation based image interpolation with nonlocal autoregressive modeling[J]. IEEE Transactions on Image Processing, 2013, 22(4): 1382-1394.

[4] MAALOUF A, LARABI M C. Colour image super-resolution using geometric grouplets[J]. IET Image Processing, 2012, 6(2): 168-180.

[5] YANG J, LIN Z, COHEN S. Fast image super-resolution based on in-place example

regression[C]. IEEE International Conference on Computer Vision and Pattern Recognition (CVPR)，2013，1059-1066.

[6] PROTTER M，ELAD M，TAKEDA H，et al. Generalizing the nonlocal-means to super-resolution reconstruction [J]. IEEE Transaction on Image Processing，2009，18(1)：349-366.

[7] DOWSON N，SALVADO O. Hash nonlocal means for rapid image filtering[J]. IEEE Transactions on Pattern Analysis and Machine Intelligence，2011，33(3)：485-499.

[8] GAO X B，WANG Q，LI X L，et al. Zernike-moment-based image super resolution[J]. IEEE Transaction on Image Processing，2011，20(10)：2738-2747.

[9] YANG C Y，MA C，YANG M H. Single-image super-resolution：a benchmark [C]. European Conference on Computer Vision (ECCV)，2014，372-386.

[10] YANG M C，Wang Y C F. A Self-learning approach to single image super-resolution[J]. IEEE Transactions on Multimedia，2013，15(3)：498-508.

[11] ZHOU F，YANG W M，LIAO Q M. Single image super-resolution using incoherent sub-dictionaries learning [J]. IEEE Transactions on Consumer Electronics，2012，58(3)：891-897.

[12] YANG J，WANG Z，LIN Z，et al. Coupled dictionary training for image super-resolution [J]. IEEE Transactions on Image Processing，2012，21 (8)：3467-3478.

[13] YANG J，WANG Z，LIN Z，et al. Bilevel sparse coding for coupled feature spaces[C]. IEEE International Conference on Computer Vision and Pattern Recognition (CVPR)，2012，2360-2367.

[14] LIN D，TANG X. Coupled space learning of image style transformation[C]. International Conference on Computer Vision (ICCV)，2005，1699-1706.

[15] YANG J，WRIGHT J，HUANG T，et al. Image super resolution via sparse representation[J]. IEEE Transactions on Image Processing，2010，19(11)：2861-2873.

[16] WANG S L，ZHANG L，LIANG Y，et al. Semi-coupled dictionary learning with applications to image super-resolution and photo-sketch synthesis [C].

IEEE International Conference on Computer Vision and Pattern Recognition (CVPR)，2012，2216-2223.

[17] HE L，QI H R，ZARETZKLI R. Beta process joint dictionary learning for coupled feature spaces with application to single image super resolution[C]. IEEE International Conference on Computer Vision and Pattern Recognition (CVPR)，2013，345-352.

[18] ZHU Y，ZHANG Y N，YUILLE A L. Single image super-resolution using deformable patches[C]. IEEE International Conference on Computer Vision and Pattern Recognition (CVPR)，2014，2917-2924.

[19] JIANG J J，HU R M，HAN Z，et al. Efficient single image super-resolution via graph-constrained least squares regression [J]. Multimedia Tools and Applications，2014，72：2573-2596.

[20] ZHENG H，BOUZERDOUM A，PHUNG S L. Wavelet based nonlocal-means super-resolution for video sequences [C]. 2010 17th IEEE International Conference on Image Processing (ICIP)，2010.

[21] LI Z Y. Research on super-resolution image reconstruction with global and general motion[J]. Sun Yat-sen University，2009.

[22] TASDIZEN T. Principal neighborhood dictionaries for non-local means image denoising[J]. IEEE Transactions on Image Processing，2009，18（12）：2649-2660.

[23] ZENG W L，LU X B. Region-based non-local means algorithm for noise removal [J]. Electronics Letters，2011，47(20)：1125-1127.

[24] ZHU W J，LIANG S，WEI Y C，et al. Saliency optimization from robust background detection[C]. IEEE International Conference on Computer Vision and Pattern Recognition (CVPR)，2014，2814-2821.

[25] ZHANG L，ZHANG L，MOU X Q，et al. FSIM：a feature similarity index for image quality assessment[J]. IEEE Transactions on Image Processing，2011，20 (8)：2378-2386.

[26] TIMOFTE R，DE SMET V，VAN GOOL L. Anchored neighborhood regression for fast example-based super-resolution [C]. International Conference on

Computer Vision (ICCV)，2013，1920-1927.

[27]　TIMOFTE R，DE SMET V，VAN GOOL L. A+：adjusted anchored neighborhood regression for fast super-resolution[C]. Asian Conference on Computer Vision (ACCV)，2014，111-126.

[28]　DONG C，CHEN C L，HE K M，et al. Image super-resolution using deep convolutional networks[J]. IEEE Transactions on Pattern Analysis and Machine Intelligence，2015，38(2)：295-307.

第5章

基于深度学习和时空特征自相似性的视频超分辨率重建

5.1 引　　言

视频超分辨率重建技术的目标是通过推断低分辨率视频序列中丢失的高频细节信息,从而重建出高质量的高分辨率视频序列。该问题是一个病态问题,原因主要是在视频降质的过程中丢失了大量的细节信息。因此,需要借助各种先验约束知识来进一步指导超分辨率重建的过程。纵观最新的研究进展,目前最受欢迎的两种先验约束分别是外部 LR-HR 关联映射约束和内部自相似性约束,分别对应基于学习机制的超分辨率重建方法和基于自相似性的超分辨率重建方法。

基于学习机制的超分辨率重建方法利用外部 LR 和 HR 训练图像块对来学习 LR 和 HR 块间的关联映射,从而将此作为先验约束来预测丢失的高频细节信息。目前比较受欢迎的基于学习的超分辨率方法主要包括两类。

一类是基于稀疏编码的超分辨率方法[1]。稀疏表示和字典学习目前已被证明对图像和视频的超分辨率重建是非常有效的,且能提升算法效率。近年来,专家学者提出了基于耦合字典学习的稀疏域超分辨率重建方法[2,3],该方法首先学习 HR 和 LR 字典对,然后利用 LR 字典上的 LR 块稀疏系数,并结合 HR 字典,来对 HR 块进行重建。这种耦合字典学习策略假设 LR 和 HR 块对的稀疏表示系数是完全相同的,因而限制了不同分辨率的图像结构的灵活性,影响超分辨率精度。为克服这一问题,文献[4]提出了基于半耦合字典学习的超分辨率重建方法,该方法放宽了如上假设,假设 HR 和 LR 块的稀疏表示系数间存在一种稳定的非线性关联映射。此外,文献[4]~[6]利用非局部自相似性来进一步提升超分辨率重建性能,然而这些方法仅考虑了单帧图像自身的相似性,没有考虑视频在时空域的自相似性,影响时空一致性。

另一类是基于深度学习的超分辨率方法。近年来,深度学习技术除了在分类学习、目标检测和跟踪等其他计算机视觉领域取得了巨大成功[7,8],在超分辨率重建领域也取得了显著性的进展[9]。文献[10],[11]提出了用于超分辨率重建的深度卷积神经网络模型(SRCNN),通过构建深度网络结构来学习 LR 和 HR 图像块间的端到端关联映射,该方法相比于传统的稀疏编码方法,挖掘出了更多的细节信息用于超分辨率处理。Wang等[12]提出了一种基于深度网络和稀疏先验的超分辨率方法,该方法综合深度学习和稀疏编码的优点取得了较好的超分辨率性能,并且利用级联网络增强了算法对任意的超分辨率倍数的适应能力。

基于学习机制的超分辨率方法能够适用于较大的超分辨率倍数,但是由于其依赖于大规模的外部训练集,因而无法保证任意低分辨率图像块都能在有限规模的训练集中找到最佳高分辨率块进行匹配,比如,当处理一些很少出现在给定训练数据集中的特征时,容易产生噪声或者过平滑现象。另外,单纯基于学习机制的超分辨率方法,包括基于深度学习的方法,仅考虑了来自外部训练集的关联映射先验学习,没有考虑视频自身的内部特性,比如时空自相似性,因而超分辨率结果不能很好地保持视频的时空一致性,容易引起视频帧间的抖动现象。

基于自相似性的超分辨率重建方法利用图像或视频自身内部的单尺度[13,14]或跨尺度[15,16]相似性进行重建,是一种基于多帧的超分辨率方法,但区别于传统的方法[17],该方法不依赖于精确的亚像素运动估计,因而能够适用于局部运动、角度旋转等复杂运动模式。Protter 等[18]利用 3D 非局部均值滤波(3D NLM)[19],提出了基于非局部模糊配准机制的超分辨率重建方法。然而,该方法中的非局部相似性匹配不能很好地适应角度旋转、闭塞运动区域等复杂的运动场景。针对这一问题,Gao 等[20]利用 Zernike 矩特征对文献[18]中的非局部相似性匹配策略进行了改进,提升了基于 3D NLM 的超分辨率算法的旋转不变性和噪声鲁棒性。自相似特性提供了与低分辨率输入高度相关的内部实例,基于这种内部相似性的超分辨率方法不需要额外的训练集和较长的训练时间,但是也具有一定的局限性,即在内部相似块不充足的情况下,往往会因内部实例的不匹配而引起一些视觉瑕疵。

综上,基于外部关联学习约束的超分辨率方法和基于内部自相似先验约束的超分辨率方法各有各的优点,也各有不足和局限。针对这一问题,我们充分利用两者的优势互补,综合利用外部和内部先验约束,构建内外部联合约束的视频超分辨率重建机制。对于一些平滑区域以及极少出现在视频序列内部的不规则结构信息,外部约束可以发挥较大的优势,而对于一些很少出现在外部训练集而重复出现在视频序列内部的特征,内部约束可以发挥较大的作用,二者可以相互补充,相比单一约束可进一步提升视频的超分辨率质量。

外部和内部约束的联合利用最早用于去噪领域[21-24],然而在超分辨率领域,研究较多的依然是基于外部学习或者基于内部相似性的方法。目前已有一些研究工作开始尝试内外部联合约束的超分辨率方法[25,26,27],并取得了一些进展。Zhang 等[28]提出了一种基于由粗到精学习策略的单帧超分辨率重建算法,综合利用了外部实例的关联映射学习和非局部自相似性正则化约束进行超分辨率处理。Wang 等[29]提出了联合内部相似模式和外部 LR-HR 关联映射的超分辨率方法,利用基于稀疏编码的外部实例以及基于内部实例的 epitomic 匹配分别定义了两个损失函数,并根据重建误差采用自适应权重来自动权衡两种约束。文献[30]提出了一种用于超分辨率重建的联合深度学习模型(DJSR),综合利用了外部实例和多尺度自相似性。然而,现有的联合约束超分辨率方法在处理视频时,仍然存在一些问题,即仅仅利用了视频单帧内的自相似性,没有考虑视频帧间的时空关系,视频在时空域的自相似性没有得到充分利用,因而无法更好地保护视频的时空一致性。

针对以上问题,本章提出了一种基于深度学习和时空特征相似性的视频超分辨率重建算法(DLSS-VSR)。该算法的主要贡献和创新性体现在如下三个方面:

(1)综合利用外部深度关联映射学习和内部时空非局部自相似性先验约束,通过两者的优势互补,构建了内外部联合约束的视频超分辨率重建机制;

(2)构建了基于深度卷积神经网络的深度学习模型,建立了 HR 和 LR 视频帧块间的非线性关联映射;

(3)提出了新的时空特征相似性计算策略,综合考虑了视频内部时空自相似性和外部无降质非局部相似性,利用基于块群的 PG-GMM 模型学习外部非局部相似性先验约束,并结合时空矩特征相似性和结构相似性进行了内部时空特征自相似性计算。

5.2 基于深度学习和时空特征相似性的视频超分辨率重建算法

5.2.1 DLSS-VSR 算法研究动机

近年来,深度学习技术在超分辨率重建研究领域开始崭露头角,并取得了显著性的发展。基于深度学习机制的超分辨率方法能够适应较大的超分辨率倍数,但是在处理视频的超分辨率时仍然存在两方面问题:(1)该方法依赖大规模的外部训练集,因而无法保证任意低分辨率图像块都能在有限规模的训练集中找到最佳高分辨率块匹配,比如当处理一些很少出现在给定训练数据集中的特征时,容易产生噪声或者过平滑现象;(2)现有的基于深度学习方法在处理视频时往往都是单帧处理,仅依赖外部训练集的关联映射学习作为先验约束,并没有考虑视频帧间的时空关系,比如视频内部的时空相似性,因而不能很好地保持视频的时空一致性,容易引起视频帧间的抖动现象。

基于时空自相似性的超分辨率重建方法通过融合视频内部不同时空尺度的非局部自相似性信息进行超分辨率重建。自相似特性提供了与低分辨率输入高度相关的内部实例,基于这种内部相似性的超分辨率方法不需要额外的训练集和较长的训练时间,但是也具有一定的局限性,即在内部相似块不充足的情况下,往往会因内部实例的不匹配而引起一些视觉瑕疵。

为了解决上述问题,本章综合利用外部深度关联映射学习和内部时空非局部自相似性先验约束,并充分利用两者的优势互补,构建内外部联合约束的视频超分辨率重建机制,提出基于深度学习和时空特征相似性的视频超分辨率重建算法(DLSS-VSR),相比单一约束可进一步提升视频的超分辨率重建质量。

5.2.2 DLSS-VSR 算法框架

此外,在非局部自相似性计算的过程中,除了考虑来自视频内部的时空非局部自相似性,同时还考虑了来自视频外部训练集中的非局部自相似性,从而扩充相似性搜索的来源,进而提升视频超分辨率性能。该算法的优势主要体现在如下几个方面:(1)不依赖精确的亚像素运动估计,因而能够适应复杂的运动场景;(2)能够适应较大的超分辨率倍数;(3)在一定程度上能够滤除噪声干扰。DLSS-VSR 算法框架如图 5-1 所示,主要包括四个过程:基于深度卷积神经网络的关联映射学习,内部时空非局部自相似性匹配,外部非局部相似性匹配以及非局部相似性加权融合。

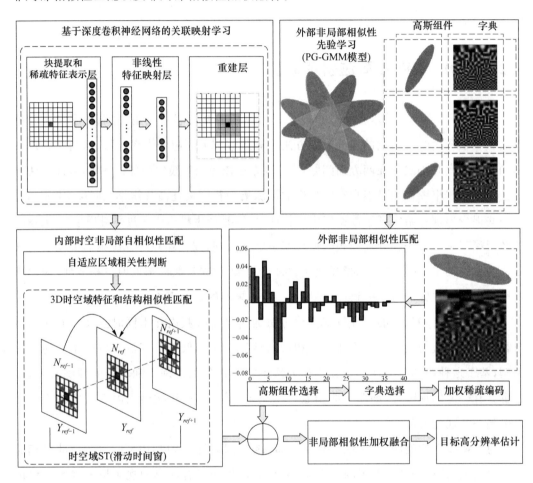

图 5-1　DLSS-VSR 算法框架

5.2.3　DLSS-VSR 算法数学模型

给定一个待重建的低分辨率视频序列 $Y=\{y_m[i,j,t]\}_{t=1}^{\mathrm{T}}(m=1,\cdots,N)$,以及低分辨率和高分辨率训练图像对,本章视频超分辨率重建的目标是由此估计出相应的高分辨率视频序列 $X=\{x_m[i,j,t]\}_{t=1}^{\mathrm{T}}(m=1,\cdots,N)$,其中 N 表示视频帧数。本章所提出的算法的数学模型可形式化定义为求解式(5-1)的目标能量函数。在该目标函数中,包含了三个先验约束项：基于深度学习建立的 LR-HR 关联映射外部先验约束项 $E_{SR}^{DLCM}(X,Y)$；时空非局部相似性内部先验约束项 $E_{SR}^{STNS}(X,Y)$；基于块群的非局部相似性外部先验约束项 $E_{SR}^{PGNS}(X,Y)$。充分利用三种先验约束的优势互补，进一步提升视频超分辨率重建性能。

$$\hat{X}^* = \arg\min_{X}\{\lambda_1 E_{SR}^{DLCM}(X,Y) + \lambda_2 E_{SR}^{STNS}(X,Y) + \lambda_3 E_{SR}^{PGNS}(X,Y)\} \tag{5-1}$$

其中：$\hat{X}^*$ 表示 LR 视频序列的高分辨率估计；$E_{SR}^{DLCM}(X,Y)$ 表示基于深度学习建立的 LR-HR 关联映射外部先验约束项，目的是利用 LR-HR 关联关系由 LR 视频帧映射出其对应的 HR 视频帧；$E_{SR}^{STNS}(X,Y)$ 表示时空非局部相似性内部先验约束项，利用视频序列内部单帧空间域（单尺度）和相邻帧时空域（多尺度）的非局部相似性信息匹配和融合，来提升超分辨率性能；$E_{SR}^{PGNS}(X,Y)$ 表示基于块群的非局部相似性外部先验约束项，在内部相似性基础上，利用来自外部纯净无降质视频帧的非局部相似性，来进一步优化超分辨率性能；λ_1、λ_2 和 λ_3 为 $E_{SR}^{DLCM}(X,Y)$、$E_{SR}^{STNS}(X,Y)$ 和 $E_{SR}^{PGNS}(X,Y)$ 三个约束项间的权重调节因子。

5.2.4　DLSS-VSR 算法描述

1. 基于深度卷积神经网络的 LR-HR 关联映射学习

本章利用深度卷积神经网络作为深度学习的模型，来学习 LR 和 HR 视频帧之间的端到端非线性映射。所构建的深度网络结构主要包括三层：块提取和稀疏表示层、非线性特征映射层和重建层。由于网络结构是前馈的，并且不需要求解任何复杂的优化问题，因而效率较高，能够适用于实时在线应用。

（1）块提取和稀疏表示层

在重建过程中，首先对待重建的视频帧 Y 进行分块，提取各个图像块。为了提升算法效率，对提取的图像块进行稀疏表示，实现其稀疏向量表达。该过程形式化表达如下：

$$F_1(Y) = \max(0, W_1 * Y + \boldsymbol{B}_1) \tag{5-2}$$

其中：W_1 和 $\boldsymbol{B}_1$ 分别表示滤波权重和偏差；W_1 的大小为 $c \times f_1 \times f_1 \times n_1$，$f_1$ 为滤波的空间大小，c 为视频帧通道数目；$\boldsymbol{B}_1$ 为 n_1 维向量。在该层中，通过对视频帧 Y 进行 n_1 次卷积操作，每次卷积核大小为 $c \times f_1 \times f_1$，输出 n_1 维特征向量，即对应于 n_1 个特征图，作为每个视频帧块的稀疏表达。

（2）非线性特征映射层

非线性特征映射层将第一层提取的每个低分辨率块的 n_1 维特征向量映射为相应的高分辨率块的 n_2 维特征向量。该过程形式化表达如下：

$$F_2(Y) = \max(0, W_2 * F_1(Y) + \boldsymbol{B}_2) \qquad (5\text{-}3)$$

其中：W_2 的大小为 $n_1 \times f_2 \times f_2 \times n_2$，表示对第一层提取到的特征图 $F_1(Y)$ 执行 n_2 次 $n_1 \times f_2 \times f_2$ 滤波；$\boldsymbol{B}_2$ 为 n_2 维向量。通过执行该卷积操作，输出 n_2 维特征向量，作为重建过程中高分辨率块的特征图表示。

（3）重建层

在重建层中，对上层获取到的高分辨率特征图进行卷积滤波，获取最终的高分辨率视频帧块。该卷积层操作形式化表示如下：

$$F(Y) = W_3 * F_2(Y) + \boldsymbol{B}_3 \qquad (5\text{-}4)$$

其中：W_3 的大小为 $n_2 \times f_3 \times f_3 \times c$，表示对第二层提取到的特征图 $F_2(Y)$ 执行 c 次 $n_2 \times f_3 \times f_3$ 滤波，W_3 滤波通常为均值滤波；$\boldsymbol{B}_3$ 为 c 维向量。对于重叠的高分辨率块，通过加权平均融合策略获取最终的高分辨率块。

上述用于建立 LR 和 HR 块间关联映射的深度网络的训练学习阶段，主要是为了学习和估计出深度网络模型参数 $\eta = \{\boldsymbol{W}, \boldsymbol{B}\} = \{W_1, W_2, W_3, \boldsymbol{B}_1, \boldsymbol{B}_2, \boldsymbol{B}_3\}$，进而通过拟合学习到的最优化网络参数进行超分辨率重建。对于网络参数 η 的学习，通过最小化重建后图像 $F(Y; \eta)$ 和原始高分辨率图像 X 之间的损失来获得。由于 PSNR 指标是衡量超分辨率重建质量和性能的重要指标，为此我们基于 MSE 指标定义损失函数，主要目的是获取较高的 PSNR 指标值。此外，该卷积神经网络在训练过程中也支持其他类型的损失函数。假设训练集中的高分辨率和低分辨率图像对为 $\{X_i, Y_i\}$，共 Num 个训练对，我们基于均方误差（MSE）定义如下损失函数 $\text{Loss}(\eta)$：

$$\text{Loss}(\eta) = \frac{1}{\text{Num}} \sum_{k=1}^{\text{Num}} \| F(Y_k; \eta) - X_k \|^2 \qquad (5\text{-}5)$$

结合标准的反向传播和随机梯度下降法实现对以上损失函数的最小化，进而获取深度网络参数 $\eta = \{\boldsymbol{W}, \boldsymbol{B}\} = \{W_1, W_2, W_3, \boldsymbol{B}_1, \boldsymbol{B}_2, \boldsymbol{B}_3\}$。权重 $\boldsymbol{W}$ 更新函数如下：

$$W_{i+1}^l = W_i^l + \Delta_{i+1} \qquad (5\text{-}6)$$

$$\Delta_{i+1} = 0.9 \times \Delta_i + \lambda \times \frac{\partial \text{Loss}}{\partial W_i^l} \qquad (5\text{-}7)$$

其中：i 和 l 分别表示网络中的卷积层数和迭代次数；Δ_i 表示滤波权重增量，计算方法如式(5-7)；$\dfrac{\partial \text{Loss}}{\partial W_i^l}$ 表示损失函数 Loss 的导数；λ 表示学习速率。

在典型的用于目标检测和分类的卷积神经网络结构中,通常还包含池化层和归一化层,对卷积层进行压缩,获取压缩后的稀疏特征向量。考虑到超分辨率重建的目的是重建出更多的细节信息,而池化和归一化操作可能会丢失一些细节信息,因而在我们构建的深度网络中没有考虑这两层卷积。

2. 时空特征自相似性匹配和融合

单纯依靠深度卷积神经网络学习出来的 LR-HR 关联映射进行超分辨率重建仅考虑了来自外部训练集中的外部先验约束,因而无法保证任意低分辨率图像块都能在有限规模的训练集中找到最佳高分辨率块与之匹配,容易产生噪声或者过平滑现象。由于视频序列自身内部在同一帧以及相邻帧的时空域存在大量的自相似性信息,因此我们在外部关联映射先验约束的基础上结合内部的时空自相似性先验约束,构建内外部联合约束的视频超分辨率机制,从而进一步提升视频超分辨率性能。

此外,在时空自相似性的计算过程中,现有的方法往往仅考虑了待重建视频帧内部的时空非局部自相似性,没有考虑外部无降质图像帧的非局部自相似性,这样就会存在一个问题:当相似块不充足的时候,会由于内部实例的不匹配而引起一些视觉瑕疵。为克服这一问题,我们提出了一种新的时空特征相似性先验约束计算策略,该策略综合考虑视频内部时空非局部自相似性和外部非局部自相似性,从而扩充相似性搜索的来源,进而提升视频超分辨率性能。

(1)内部时空非局部自相似性先验约束

基于深度关联映射学习获取的高分辨率初始估计在对视频进行超分辨率处理时,没有考虑视频帧间的时空关系,且由于仅利用了外部训练学习到的关联映射,而没有考虑视频自身的特性,因而无法更好地保持视频在时空域的一致性,容易引起视频抖动和噪声干扰。为克服这一问题,考虑视频序列自身在时空域存在大量的相似性模式,这些相似性冗余对视频超分辨率重建是很有帮助的,为此我们利用视频在时空域的非局部自相似性先验约束,来进一步提升超分辨率性能。对于时空域的非局部自相似性计算,我们提出了一种基于矩特征相似性和结构相似性的相似性度量策略,以进一步提升相似性匹配的精确性和鲁棒性,并且通过区域相关性判断策略,来选择非局部搜索区域内相关性较高的图像块参与相似性权重的计算,提升了算法的时间效率。对于第 t 帧中的待重建像素 (k, l),在一个较大的时空非局部搜索区域内搜索与其相似度较高的像素 (i, j),并利用 (i, j) 和 (k, l) 之间的相似性进行加权融合,从而获取 (k, l) 的目标高分辨率估计,进而实现超分辨率重建。

由于伪 Zernike 矩特征具有较好的旋转、平移、尺度不变特性,并且具有较好的噪声、光照不敏感性,因此利用伪 Zernike 矩特征相似性来进行时空域非局部自相似性的度量,能进一步增强算法对复杂运动场景的适应能力并且能提升噪声鲁棒性。然而,由于伪 Zernike 矩特征仅考虑了图像块区域的形状和轮廓特征,没有考虑块区域的结构特征,因此,通过综合两种特征的优点,我们基于伪 Zernike 矩特征相似性和结构相似性进行时空特征相似性的计算。

定义 $PZM(k,l)$ 和 $PZM'(i,j)$ 分别表示待重建像素点 (k,l) 及其非局部搜索区域 $N_{nonloc}(k,l)$ 内像素点 (i,j) 对应的局部区域内的伪 Zernike 矩特征向量,分别记作:

$$PZM(k,l) = (PZM_{00}, PZM_{11}, PZM_{20}, PZM_{22}, PZM_{31}, PZM_{33}) \qquad (5-8)$$

$$PZM'(i,j) = (PZM'_{00}, PZM'_{11}, PZM'_{20}, PZM'_{22}, PZM'_{31}, PZM'_{33}) \qquad (5-9)$$

其中,视频帧 $f(x,y)$ 的 (n,m) 阶$(0 \leqslant n \leqslant \infty, 0 \leqslant |m| \leqslant n)$ PZM 特征定义如下:

$$
\begin{aligned}
PZM_{nm} &= \frac{n+1}{\pi} \iint\limits_{x^2+y^2 \leqslant 1} f(x,y) V_{nm}^*(x,y) \mathrm{d}x \mathrm{d}y \\
&= \frac{n+1}{\pi} \sum_{\rho \leqslant 1} \sum_{0 \leqslant \theta \leqslant 2\pi} f(\rho,\theta) V_{nm}^*(\rho,\theta) \rho
\end{aligned}
\qquad (5-10)
$$

$$V_{nm}(\rho,\theta) = R_{nm}(\rho) \exp(jm\theta) \qquad (5-11)$$

$$R_{nm}(\rho) = \sum_{s=0}^{n-|m|} \frac{(-1)^s (2n+1-s)! \rho^{n-s}}{s!(n+|m|+1-s)!(n-|m|-s)!} \qquad (5-12)$$

其中:$n=0,1,2,\cdots,\infty; 0 \leqslant |m| \leqslant n, m$ 为整数;ρ 和 θ 分别为极坐标下像素点的半径和角度,且 $\rho = \sqrt{x^2+y^2}, \theta = \tan^{-1}(y/x); V_{nm}(x,y)$ 为 PZM 特征的基;$V_{nm}^*(x,y)$ 为 $V_{nm}(x,y)$ 的复数共轭。

基于 PZM 特征和结构特征进行时空非局部自相似性度量,主要通过计算区域 PZM 特征向量之间的欧几里得距离以及区域结构相似性来实现,并以此作为权重计算的依据,进而通过非局部时空域像素的加权平均,获取目标高分辨率估计值。为了具体描述本章提出的相似性计算方法,首先定义如下三个概念。

定义 1(区域平均能量) 若视频帧 F 被分割成大小相同的若干区域,且每个区域包含 5×5 个图像块。每个区域的像素能量值分别标记为 $p_1, p_2, \cdots, p_{Num}$,且像素总数为 Num,则定义 $AE(x,y)$ 作为以像素 (x,y) 为中心的区域平均能量,且通过如下方法进行计算:

$$AE(x,y) = \sum_{i=1}^{Num} p_i / Num \qquad (5-13)$$

定义 2(区域 PZM 特征相似性) 给定两个区域 $R(k,l)$ 和 $R(i,j)$,分别以像素 (k,l)

和 (i,j) 为中心,且分别提取这两个区域相应的 PZM 矩特征向量 $\text{PZM}(k,l)$ 和 $\text{PZM}'(i,j)$。参数 ε 控制指数函数的衰减率,则定义这两个区域之间的 PZM 特征相似性 $\text{RFS}(R(k,l),R(i,j))$ 为:

$$\text{RFS}(R(k,l),R(i,j))=\exp\left\{-\frac{\|\text{PZM}(k,l)-\text{PZM}'(i,j)\|_2^2}{\varepsilon^2}\right\} \quad (5\text{-}14)$$

定义 3(区域结构相似性) 给定两个区域 $R(k,l)$ 和 $R(i,j)$,分别以像素 (k,l) 和 (i,j) 为中心,$\eta_{(k,l)}$ 和 $\eta_{(i,j)}$ 分别是这两个区域的均值,$\sigma_{(k,l)}$ 和 $\sigma_{(i,j)}$ 分别是这两个区域的标准方差,$\sigma_{(k,l,i,j)}$ 是这两个区域之间的协方差,且 e_1 和 e_2 为两个常量,则定义这两个区域之间的结构相似性 $\text{RSS}(R(k,l),R(i,j))$ 为:

$$\text{RSS}(R(k,l),R(i,j))=\frac{(2\eta_{(k,l)}\eta_{(i,j)}+e_1)(2\sigma_{(k,l,i,j)}+e_2)}{(\eta_{(k,l)}^2+\eta_{(i,j)}^2+e_1)(\sigma_{(k,l)}^2+\sigma_{(i,j)}^2+e_2)} \quad (5\text{-}15)$$

在如上定义的基础上,我们基于区域 PZM 特征相似性和区域结构相似性进行时空域的非局部自相似性计算,并将该相似性作为重建过程中的权重,计算方法如下:

$$\omega_{\text{SR}}^{\text{PZM}}[k,l,i,j,t]=\frac{1}{C(k,l)}\times\text{RFS}(R(k,l),R(i,j))\times(1-0.000\,2\text{RSS}(R(k,l),R(i,j)))$$

$$=\frac{1}{C(k,l)}\times\exp\left\{-\frac{\|\text{PZM}(k,l)-\text{PZM}'(i,j)\|_2^2}{\varepsilon^2}\right\}\times$$

$$(1-0.000\,2\text{RSS}(R(k,l),R(i,j))) \quad (5\text{-}16)$$

其中:(k,l) 表示待重建像素点,(i,j) 表示以像素 (k,l) 为中心的非局部搜索区域 $N_{\text{nonloc}}(k,l)$ 内的像素,参数 ε 控制指数函数的衰减率和权重的衰减率,$\text{Nor}(k,l)$ 表示归一化常数,定义如下:

$$C(k,l)=\sum_{(i,j)\in N_{\text{nonloc}}(k,l)}\exp\left\{-\frac{\|\text{PZM}(k,l)-\text{PZM}'(i,j)\|_2^2}{\varepsilon^2}\right\}\times$$

$$(1-0.000\,2\text{RSS}(R(k,l),R(i,j))) \quad (5\text{-}17)$$

随着阶数的增大,PZM 特征对于噪声的敏感度会提高,因此,我们在相似性计算过程中,只求解其前三阶矩 PZM_{00}、PZM_{11}、PZM_{20}、PZM_{22}、PZM_{31} 和 PZM_{33}。

通过分析式(5-16)中的相似性权重计算公式,我们发现时间复杂度是相当高的,尤其是当参与相似性计算的时空非局部搜索区域较大或者超分辨率倍数较大时,这种时间开销的累计是相当大的。为了提升算法时间效率,我们提出了一种自适应区域相关性判断策略对式(5-16)中的相似性权重计算方法进行改进,在时空非局部搜索区域内只选取相关度较高的像素参与相似性权重计算,并非所有的像素都参与计算。

在相似性计算过程中,首先对待重建像素 (k,l) 的非局部时空搜索区域内的所有像素 (i,j) 对应的邻域区域进行相关性判断,分为相关区域和不相关区域,然后只选择相关的区域参与计算。在区域相关性的判断过程中,综合考虑区域平均能量和融入人眼视觉感知特性的区域结构相似性两方面因素进行相关性计算,同时利用自适应阈值 δ_{adap} 策略,构建自适应的区域选择机制。若两区域相关,则定义如下:

$$|AE(k,l)-AE(i,j)|\times((1-RSS(R(k,l),R(i,j)))/2)<\delta_{adap} \tag{5-18}$$

阈值的大小是通过待重建像素 (k,l) 对应的邻域区域的平均能量 $AE(k,l)$ 自适应地确定的,因此可更为精确地对区域间的相关性进行判定。本章定义的自适应阈值如下:

$$\delta_{adap}=\lambda AE(k,l) \tag{5-19}$$

其中:λ 为控制 δ_{adap} 的调节因子,经实验验证,当 λ 值设置为 0.08 时,超分辨率性能更高。

综上,我们基于式(5-18)的区域相关性判断策略改进了式(5-16)的相似性权重,改进后的时空特征自相似性权重 $\omega_{SR}^{EPZM}[k,l,i,j,t]$ 的计算公式如式(5-20)所示。

$$\omega_{SR}^{EPZM}[k,l,i,j,t]=$$

$$\begin{cases} \dfrac{1}{C(k,l)}\times\exp\left\{-\dfrac{\|PZM(k,l)-PZM'(i,j)\|_2^2}{\varepsilon^2}\right\}\times(1-0.000\,2RSS(R(k,l),R(i,j))), \\ \qquad |AE(k,l)-AE(i,j)|\times((1-RSS(R(k,l),R(i,j)))/2)<\delta_{adap} \\ 0, \qquad\qquad 其他 \end{cases}$$

$$\tag{5-20}$$

(2) 基于块群的外部非局部自相似性先验学习

非局部自相似性先验已被广泛验证为视频和图像超分辨率重建领域中最成功的先验约束之一。然而,现有的非局部自相似性计算方法往往仅考虑了降质视频内部的非局部自相似性,而没有充分利用外部训练集中纯净视频的非局部自相似性。为克服这一问题,本章构建了一种基于块群(PG)的高斯混合模型(PG-GMM),并以此来学习外部非局部自相似性先验约束(NSS),以进一步提升超分辨率性能。PG 中通常包含丰富的相似性信息,为此通过构建 PG 为单位来进行 NSS 学习。对于每个局部块($P\times P$),定义如下。

定义 4(PG) 在一个足够大的非局部搜索窗口($W\times W$)内,利用基于 Euclidean 距离的块匹配方法来寻找 M 个最相似的块,构建一个块群,表示为 $\{x_m\}_{m=1}^M$。

对每个视频帧,提取 N 个 PG,并求解每个 PG 的均值 $\mu=\dfrac{1}{M}\times\sum\limits_{m=1}^{M}x_m$,获取均值提取后的 PG,表示为 $\bar{X}_n=\{\bar{x}_{n,m}\}_{m=1}^M=\{x_{n,m}-\mu\}_{m=1}^M,n=1,\cdots,N$。均值提取后,两个 PG 会有非常相似的方差,这将使得先验学习更加容易,更加稳定。其主要原因是每个模式的训练样例增加了,从而模式的数量减少了。

本章对传统基于块的高斯混合模型（GMM）进行扩展，构建了基于块群的 GMM 模型（PG-GMM）并进行了 NSS 先验学习。利用 N 个训练 PG $\bar{X}_n$ 学习 PG-GMM 模型，主要是学习 K 个高斯组件 $N(\mu_k, \Sigma_k)$，从而将训练集中的 PG 分为 K 类。计算 $\bar{X}_n$ 的概率函数如下：

$$P(\bar{X}_n) = \sum_{k=1}^{K} P(k) \prod_{m=1}^{M} N(\bar{x}_{n,m} \mid \mu_k, \Sigma_k) \qquad (5\text{-}21)$$

其中：$P(k)$ 为选择第 k 个高斯组件的概率。假设所有的 PG 都是独立的，则总体目标概率函数为：

$$L = \prod_{n=1}^{N} P(\bar{X}_n) = \sum_{n=1}^{N} \sum_{k=1}^{K} P(k) \prod_{m=1}^{M} N(\bar{x}_{n,m} \mid \mu_k, \Sigma_k) \qquad (5\text{-}22)$$

通过对式（5-22）取对数，构建如式（5-23）所示的 PG-GMM 学习目标函数，并利用 EM 算法对其进行优化求解，通过不断地交替迭代直到算法收敛，最终获取 PG-GMM 模型中的 K 个高斯分布 $N(\mu_k, \Sigma_k)$。

$$\ln L = \sum_{n=1}^{N} \ln(P(\bar{X}_n)) = \sum_{n=1}^{N} \ln\left(\sum_{k=1}^{K} P(k) \prod_{m=1}^{M} N(\bar{x}_{n,m} \mid \mu_k, \Sigma_k)\right) \qquad (5\text{-}23)$$

（3）内外部非局部自相似性信息融合

在获取了以待重建像素为中心的时空搜索区域内的内部和外部非局部相似性信息之后，将通过这些时空相似性信息进行加权融合，获取最终的目标高分辨率估计。对于超分辨率视频帧中的每个像素，在时空域内基于内部时空非局部自相似性计算，获取如式（5-20）所示的时空域内部各个像素的相似性权重 $\omega_{\mathrm{SR}}^{\mathrm{EPZM}}[k, l, i, j, t]$ 之后，利用相似性加权融合获取其高分辨率估计。基于时空内部非局部自相似性的超分辨率目标能量函数如式（5-24）所示。

$$\hat{x}_{\mathrm{stns}} = \arg \min_{\{x(k,l)\}} \left\| y'(k,l) - \sum_{t=t_1}^{t_2} \sum_{(i,j) \in N_{\mathrm{nonloc}}(k,l)} \omega_{\mathrm{SR}}^{\mathrm{EPZM}}(k,l,i,j,t) y'(i,j) \right\|_2^2 \qquad (5\text{-}24)$$

其中：$[t_1, t_2]$ 表示一个 3D 时空域。通过最小化式（5-24）的目标函数，每个视频帧的各个像素 (k, l) 目标高分辨率估计 $\hat{x}_{\mathrm{stns}}(k, l)$ 可以通过式（5-25）获取。

$$\hat{x}_{\mathrm{stns}}(k,l) = \frac{\displaystyle\sum_{t \in [t_1, t_2]} \sum_{(i,j) \in N_{\mathrm{nonloc}}(k,l)} \omega_{\mathrm{SR}}^{\mathrm{EPZM}}(k,l,i,j,t) y'_t(i,j)}{\displaystyle\sum_{t \in [t_1, t_2]} \sum_{(i,j) \in N_{\mathrm{nonloc}}(k,l)} \omega_{\mathrm{SR}}^{\mathrm{EPZM}}(k,l,i,j,t)} \qquad (5\text{-}25)$$

有些情况下，单纯依靠视频内部的时空自相似性作为先验约束是不够的，例如，当视频自身内部相似块不充足时，将会由于内部实例的不匹配而引起一些视觉瑕疵。为解决这个问题,我们提出利用一种新颖的外部非局部相似性先验约束来进一步优化算法性能。

首先,对于每个通过关联映射得到的视频帧 Y' 中的每个局部块,在以其为中心的一个较大的非局部搜索窗口(大小为 $W \times W$)内通过搜索其最相似的 M 个块,构建 N 个 PG,记为 $Y' = \{y'_{n,m}\}_{m=1}^M$,$n=1,\cdots,N$,并提取其均值 μ_y 后,表示为 $\bar{Y}'_n = \{\bar{y}'_{n,m}\}_{m=1}^M = \{y'_{n,m} - \mu\}_{m=1}^M$,$n=1,\cdots,N$。

然后,根据训练好的 PG-GMM,为每个 PG $\bar{Y}'$ 选择最佳匹配的高斯组件。选择的过程,等同于求解 $\bar{Y}'$ 属于第 k 个高斯组件的最大后验概率(MAP)$P(k|\bar{Y}')$,如式(5-26)所示,进而选择 $P(k|\bar{Y}')$ 最大的第 k 个组件。假设噪声干扰类型为高斯白噪声,且方差为 σ^2,那么第 k 个组件的方差矩阵为 $\Sigma_k + \sigma^2 \boldsymbol{I}$,其中 $\boldsymbol{I}$ 为单位矩阵。

$$P(k \mid \bar{Y}') = \frac{\prod_{m=1}^M N(\bar{y}'_m \mid 0, \Sigma_k + \sigma^2 \boldsymbol{I})}{\sum_{l=1}^N \prod_{m=1}^M N(\bar{y}'_m \mid 0, \Sigma_k + \sigma^2 \boldsymbol{I})} \tag{5-26}$$

取对数后,如式(5-27)所示。

$$\ln P(k \mid \bar{Y}') = \sum_{m=1}^M \ln N(\bar{y}'_m \mid 0, \Sigma_k + \sigma^2 \boldsymbol{I}) - \ln C \tag{5-27}$$

其中:C 为一个固定值,取值为式(5-26)中的分母。

对于选定的第 k 个高斯组件,服从高斯分布 $N(\mu_k, \Sigma_k)$。通过对每个组件的协方差 $\boldsymbol{\Sigma}$ 进行奇异值分解(SVD),即 $\boldsymbol{\Sigma} = \boldsymbol{D\Lambda D}^T$,获取 $\boldsymbol{\Sigma}$ 的特征向量矩阵 $\boldsymbol{D}$ 和特征值矩阵 $\boldsymbol{\Lambda}$。其中 $\boldsymbol{D}$ 反映了块群中各相似块方差的统计结构,因此被用来表示各高斯组件中各块群的结构方差。我们使用该特征向量矩阵 $\boldsymbol{D}$ 作为稀疏字典来对块群中的各个图像块进行稀疏编码,表示为 $\bar{y}'_m = \boldsymbol{D\alpha} + v$,其中,$\boldsymbol{\alpha}$ 为稀疏表示系数矩阵,v 表示干扰噪声。特征值越大,说明其对应的特征向量越重要,为此我们基于特征值和噪声方差构建如式(5-28)所示的权重向量 w 为稀疏编码 $\boldsymbol{\alpha}$ 进行加权,以增强算法的噪声滤除能力。

$$w_i = c \times 2\sqrt{2}\sigma^2 / (\sqrt{\Lambda_i} + \varepsilon) \tag{5-28}$$

其中:Λ_i 为 $\boldsymbol{D}$ 中第 i 个特征向量对应的特征值,ε 为一个避免除数为 0 的较小常量;c 为一个常量;σ^2 为噪声方差,其中 σ 的初始值通过 $\sigma = \sqrt{\mathrm{median}(|\bar{Y}|)}/0.6745$ 进行估计,之后在每次迭代 t 过程中,σ 的取值被调整为 $\sigma^{(t)} = \eta \cdot \sqrt{\sigma^2 - \|\bar{Y}^{(t)} - \bar{Y}^{(t-1)}\|_2^2}$,$\eta$ 为一个常量。

采用式(5-28)中的权重对稀疏编码进行加权,构建如下用于对 PG 中每个块进行稀疏重建的加权稀疏编码目标函数:

$$\min_{\alpha} \| \bar{y}'_m - D\alpha \|_2^2 + \| w^{\mathrm{T}} \alpha \|_1 \tag{5-29}$$

在式(5-29)中,由于字典 D 是正交的,因而我们总能获取 α 的最优解析解,如式(5-30)所示。

$$\hat{\alpha} = \mathrm{sgn}(D^{\mathrm{T}} \bar{y}'_m) \otimes \max(| D^{\mathrm{T}} \bar{y}'_m | - w/2, 0) \tag{5-30}$$

其中:sgn(·)表示符号函数;$\otimes$ 表示元素级相乘。

求解得到 α 后,PG 中每个块的高分辨率估计可以通过式(5-31)获得。

$$\hat{x}_m = D\hat{\alpha} + \mu_y \tag{5-31}$$

此外,在利用外部非局部相似性进行稀疏重建的过程中,同时考虑视频帧内部非局部相似性约束来达到稳定稀疏重建的目的,进一步提升重建性能。添加内部非局部相似性约束后的改进目标函数由式(5-29)变为式(5-32):

$$\min_{\alpha} \frac{1}{2} (\| \bar{y}'_m - D\alpha \|_2^2 + \| w^{\mathrm{T}} \alpha \|_1 + \| \bar{y}'_m - \sum_{u \in \mathrm{PG}(m)} \omega_{\mathrm{NL}}(m, i) \bar{y}'_u \|_2^2) \tag{5-32}$$

在保证重建性能的同时,为了提升时间效率,我们仅对人眼所重点关注的时空显著性目标区域进行稀疏约束。本章利用一种基于鲁棒背景检测的显著性优化算法[87]来检测和提取视觉显著性区域,其中视频帧 y 中的显著性区域标记为 $D_{\mathrm{so}} \in D_y$,非显著性区域标记为 $D_{\mathrm{nso}} \in D_y (D_{\mathrm{so}} \bigcup D_{\mathrm{nso}} = D_y)$。加入时空显著性进行时间效率优化后的目标函数由式(5-32)变为式(5-33):

$$\begin{cases} \min_{\alpha} \frac{1}{2} (\| \bar{y}'_m - D\alpha \|_2^2 + \| w^{\mathrm{T}} \alpha \|_1 + \| \bar{y}'_m - \sum_{u \in \mathrm{PG}(m)} \omega_{\mathrm{NL}}(m, i) \bar{y}'_u \|_2^2), & \bar{y}'_m \in D_{\mathrm{so}} \\ \min_{\alpha} \| \bar{y}'_m - \sum_{u \in \mathrm{PG}(m)} \omega_{\mathrm{NL}}(m, i) \bar{y}'_u \|_2^2, & \bar{y}'_m \in D_{\mathrm{nso}} \end{cases}$$

$$\tag{5-33}$$

其中:块 $\bar{y}'_u$ 为待重建块 $\bar{y}'_m$ 所在块群 PG(m)中的各个块;$\omega_{\mathrm{NL}}(m, u)$ 为每个 $\bar{y}'_u$ 和 $\bar{y}'_m$ 之间的相似性,并基于块区域能量来进行计算,计算方法如下:

$$\omega_{\mathrm{NL}}[m, u] = \exp \left\{ -\frac{\| \mathbf{RF}(m) - \mathbf{RF}(u) \|_2^2}{2h^2} \right\} \times f(\sqrt{(m-u)^2}) \tag{5-34}$$

其中:$\mathbf{RF}(m)$ 和 $\mathbf{RF}(u)$ 分别表示两个块区域 $\bar{y}'_m$ 和 $\bar{y}'_u$ 的 P^2 维向量(块大小为 $P \times P$);h^2 为控制两个块区域灰度级差异效果的平滑参数。

基于外部非局部相似性约束获取每个块区域各个像素(k, l)的高分辨率估计$\hat{x}_{\mathrm{pgns}}(k, l)$

的目标函数如式(5-35)所示。

$$\hat{x}_{\mathrm{pgns}}(k,l) = \frac{1}{2}\left(\boldsymbol{D}\mathrm{sgn}(\boldsymbol{D}^{\mathrm{T}}\bar{y}'_m(k,l))\otimes\max\left(\,|\,\boldsymbol{D}^{\mathrm{T}}\bar{y}'_m(k,l)\,|-\boldsymbol{w}/2,0\right)+\right.$$

$$\left.\frac{\displaystyle\sum_{u\in\mathrm{PG}(m)\,\&\,(i,j)\in u}\omega_{\mathrm{NL}}(m,u)\,\bar{y}'_i(i,j)}{\displaystyle\sum_{u\in\mathrm{PG}(m)}\omega_{\mathrm{NL}}(m,u)}\right)+\mu_y \tag{5-35}$$

其中:$\hat{x}_{\mathrm{pgns}}(k,l)$ 表示待重建像素 (k,l) 的高分辨率估计,$\bar{y}'_m(k,l)$ 为 (k,l) 所属的块区域高分辨率估计,$\mathrm{PG}(m)$ 为块 m 所属的块群,(i,j) 为 $\mathrm{PG}(m)$ 中的各个块 u 中的像素。

在内部非局部相似性的基础上,考虑外部非局部相似性之后,获取的基于非局部相似性约束的高分辨率估计目标函数由(5-35)改进为式(5-36)。

$$\hat{x}_{\mathrm{ns}}(k,l) = \lambda_2\hat{x}_{\mathrm{stms}}(k,l)+\lambda_3\hat{x}_{\mathrm{pgns}}(k,l)$$

$$= \lambda_2\frac{\displaystyle\sum_{t\in[t_1,t_2]}\sum_{(i,j)\in N_{\mathrm{nonloc}}(k,l)}\omega_{\mathrm{SR}}^{\mathrm{EPZM}}(k,l,i,j,t)x_t(i,j)}{\displaystyle\sum_{t\in[t_1,t_2]}\sum_{(i,j)\in N_{\mathrm{nonloc}}(k,l)}\omega_{\mathrm{SR}}^{\mathrm{EPZM}}(k,l,i,j,t)}+$$

$$\lambda_3\left(\frac{1}{2}\left(\boldsymbol{D}\mathrm{sgn}(\boldsymbol{D}^{\mathrm{T}}\bar{y}'_m(k,l)\right)\otimes\max\left(\,|\,\boldsymbol{D}^{\mathrm{T}}\bar{y}'_m(k,l)\,|-\boldsymbol{w}/2,0\right)+\right.$$

$$\left.\frac{\displaystyle\sum_{u\in\mathrm{PG}(m)\,\&\,(i,j)\in u}\omega_{\mathrm{NL}}(m,u)\,\bar{y}'_i(i,j)}{\displaystyle\sum_{u\in\mathrm{PG}(m)}\omega_{\mathrm{NL}}(m,u)}\right)+\mu_y\Bigg) \tag{5-36}$$

综上,本章所构建的内外部联合约束的超分辨率重建算法的目标能量函数如式(5-37)所示。

$$\hat{x}^* = \arg\min_{\{x(k,l)\}}\left(\lambda_1 E_{\mathrm{SR}}^{\mathrm{DLCM}}+\lambda_2\left\|y'(k,l)-\sum_{t=t_1}^{t_2}\sum_{(i,j)\in N_{\mathrm{nonloc}}(k,l)}\omega_{\mathrm{SR}}^{\mathrm{EPZM}}(k,l,i,j,t)y'(i,j)\right\|_2^2+\right.$$

$$\left.\lambda_3\left(\frac{1}{2}\left\|\bar{y}'_m(k,l)-\boldsymbol{D}\boldsymbol{\alpha}\right\|_2^2+\|\boldsymbol{w}^{\mathrm{T}}\boldsymbol{\alpha}\|_1+\frac{1}{2}\left\|\bar{y}'_m(k,l)-\sum_{u\in\mathrm{PG}(m)\,\&\,(i,j)\in u}\omega_{\mathrm{NL}}(m,u)\,\bar{y}'_i(i,j)\right\|_2^2\right)\right) \tag{5-37}$$

5.2.5 DLSS-VSR 算法步骤

本章提出的基于深度学习和时空特征相似性的视频超分辨率重建算法(DLSS-VSR)的具体实现步骤如表 5-1 所示。

表 5-1　　DLSS-VSR 算法的实现步骤

算法:DLSS-VSR 算法

输入:低分辨率视频序列 $\{y_m[i,j,t]\}_{t=1}^{T}(m=1,\cdots,N)$,超分辨率倍数因子 s,高分辨率训练数据集 X,低分辨率训练数据集 Y,非局部搜索区域大小 $W\times W$,图像块大小 $P\times P$,权重控制滤波参数 ε,迭代规模 K

输出:超分辨率重建后的高分辨率视频序列 $\{x_k[i,j,t]\}_{t=1}^{T}(k=1,\cdots,N)$

训练过程:

步骤 1:分别从 LR 训练数据集 Y 和 HR 训练数据集 X 中抽样提取 LR 和 HR 图像块,形成 LR-HR 训练图像块对

步骤 2:基于深度卷积神经网络建立 LR-HR 关联映射学习模型,并利用式(5-5)的损失函数 $\mathrm{Loss}(\eta)$ 来学习和估计网络模型参数 $\eta=\{\boldsymbol{W},\boldsymbol{B}\}=\{W_1,W_2,W_3,\boldsymbol{B}_1,\boldsymbol{B}_2,\boldsymbol{B}_3\}$

步骤 3:从 HR 训练数据集中提取 N 个训练 PG,并利用式(5-5)的目标函数来学习 PG-GMM 模型,从而得到 K 个高斯组件 $N(\mu_k,\Sigma_k)$

超分辨率重建过程:

步骤 1:利用 Bicubic 插值算子对原始 LR 视频序列 $\{y_m[i,j,t]\}_{t=1}^{T}(m=1,\cdots,N)$ 进行初始化,获取其初始估计 $\{Y_p[i,j,t]\}_{t=1}^{T}(p=1,\cdots,N)$

步骤 2:利用学习到的深度卷积神经网络参数 $\eta=\{\boldsymbol{W},\boldsymbol{B}\}=\{W_1,W_2,W_3,\boldsymbol{B}_1,\boldsymbol{B}_2,\boldsymbol{B}_3\}$,并根据式(5-2)—式(5-4),将 $\{Y_p[i,j,t]\}_{t=1}^{T}(p=1,\cdots,N)$ 映射至其高分辨率估计 $\{Y_p[i,j,t]\}_{t=1}^{T}(p=1,\cdots,N)$

步骤 3:根据公式(5-20)计算内部时空非局部自相似性权重

步骤 4:利用训练好的 PG-GMM,根据公式(5-27)为每个 PG 选择最佳匹配的高斯组件 $N(\mu_k,\Sigma_k)$,并根据 SVD 分解 $\boldsymbol{\Sigma}=\boldsymbol{D}\boldsymbol{\Lambda}\boldsymbol{D}^{\mathrm{T}}$,获取重建字典 $\boldsymbol{D}$

步骤 5:根据公式(5-36)的基于内外部非局部相似性约束的高分辨率估计目标函数,对 $\{Y_p[i,j,t]\}_{t=1}^{T}(p=1,\cdots,N)$ 进行优化更新

步骤 6:通过迭代更新策略进一步优化重建结果。更新迭代计数器 $t=t+1$,如果 $t<K$,返回步骤 3;否则算法结束,设置目标高分辨率估计结果为 $\{x_k[i,j,t]\}_{t=1}^{T}(k=1,\cdots,N)$

5.3　实验结果与分析

5.3.1　实验数据集

本章的实验数据主要来源于从 http://trace.eas.asu.edu/yuv/index.html 网站上

下载的标准视频和从 http://www.youku.com/网站上下载的空间视频,我们将其拆分成帧序列,从而构造了标准和空间视频序列。本章在 10 个标准视频序列和 3 个空间视频序列上进行了验证实验,其中 10 个标准视频序列分别是 Forman、Calendar、Coastguard、Suzie、Mother_Daughter、Miss_America、Ice、Football、Carphone 和 Akiyo,3 个空间视频序列分别是 Satellite-1、Satellite-2 和 Satellite-3。根据视频中的运动内容,这些视频序列主要分为 3 类:(1) Calendar、Suzie、Mother_Daughter、Miss_America 和 Akiyo 中包含小型运动的目标;(2) Forman、Coastguard、Carphone、Satellite-1 和 Satellite-2 中包含中等类型运动的目标;(3)Ice 和 Football 中包含快速运动的目标。这些视频序列中均包含复杂的运动场景,如局部运动、角度旋转、闭塞运动区域、突然出现的目标区域等。实验中,对每个视频序列分别进行了同样的降质处理:进行 3 倍的下采样处理,并添加均值为 0、标准差为 2 的高斯白噪声。对于降质后的视频序列,本章进行 3 倍的超分辨率重建实验。

5.3.2　客观评价指标

实验中对于超分辨率重建的质量,主要从主观视觉效果图和客观定量评价指标两个方面进行评价。对于重建效果的定量客观评价,主要采用了如下 4 个客观评价指标,分别是:峰值信噪比(PSNR)、基于视觉感知的多尺度结构相似度(MS-SSIM)、均方根误差(RMSE)、信息保真度指标(IFC)。

5.3.3　实验结果与分析

1. 实验 1:不同算法的视频超分辨率重建对比实验

为了验证本章提出的算法性能,分别从主观视觉效果和客观评价指标方面对 DLSS-VSR 算法与最新提出的 7 种有代表性的优秀超分辨率算法(基于学习的 ScSR[3]、ANRSR[31]、DPSR[6]、CNN-SR[11] 和 CSCN[12] 算法;基于 3D 非局部均值滤波的 NL-SR 算法[18];基于 Zernike 矩特征的 ZM-SR 算法[20])进行对比分析。这 7 种对比算法主要分为两大类:基于学习的超分辨率算法(ScSR、ANRSR、DPSR、CNN-SR 和 CSCN)和基于多帧的超分辨率算法(NL-SR 和 ZM-SR)。其中,CNN-SR 和 CSCN 为基于深度学习的超分辨率算法,NL-SR 和 ZM-SR 为基于非局部相似性的超分辨率算法。

在实验中,构建的深度网络参数设置为($f_1 = 9$,$f_2 = 1$,$f_3 = 5$,$n_1 = 64$,$n_2 = 32$),且深度卷积神经网络模型基于 cuda-convnet 包实现;在外部非局部相似性学习过程中,将每个 PG 中选择的相似块个数(M)设置为 10,每个块大小($P \times P$)设置为 6×6,用于相似块搜索的非局部搜索窗口的大小($W \times W$)设置为 15×15。在内部时空相似性的计算过程中,用于相似块匹配的时空域大小为 $3 \times 3 \times 6$。在每组试验中,为了在保证重建质量的同时,进一步提升算法的时间效率,对每一个低分辨率视频帧,本章选用其相邻的 6 个连续视频帧进行时空相似性匹配。

(1)主观视觉效果对比及分析

图 5-2 至图 5-4 分别给出了标准视频序列 Akiyo、Football 和 Calendar 在 8 种不同算法下的超分辨率重建整体视觉效果以及局部细节放大效果。图 5-5 和图 5-6 分别给出了空间视频序列 Satellite-1 和 Satellite-2 在 8 种不同算法下的超分辨率重建整体视觉效果以及局部细节放大效果。在这些序列中,包含一些局部运动、角度旋转、闭塞运动区域、突然出现的目标区域等复杂的运动场景。观察图中方框内的局部细节放大效果可以看出,基于学习的 ScSR、ANRSR、DPSR、CNN-SR 和 CSCN 算法产生了明显的伪影等视觉瑕疵,引入了新的噪声干扰,这主要是因为单纯的基于学习的超分辨率思想仅依靠外部训练集进行 LR-HR 关联映射学习,无法保证任意 LR 块都能在有限规模训练集中找到最佳 HR 匹配,并且没有考虑视频帧的时空相关性,因而容易引起帧间抖动现象。

图 5-2　不同算法对 Akiyo 视频序列中第 3 帧重建视觉效果

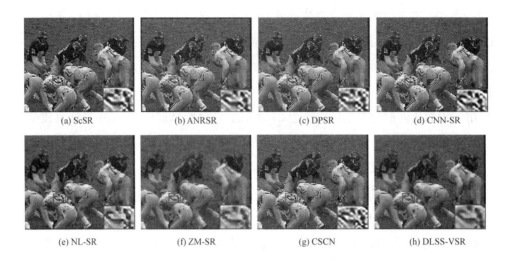

图 5-3　不同算法对 Football 视频序列中第 7 帧重建视觉效果

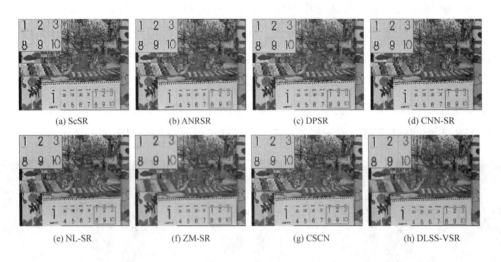

图 5-4　不同算法对 Calendar 视频序列中第 30 帧重建视觉效果

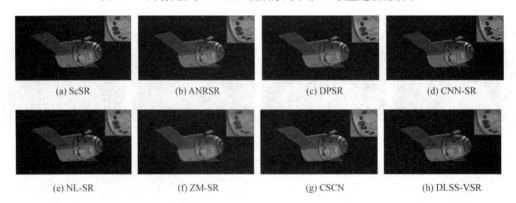

图 5-5　不同算法对 Satellite-1 视频序列中第 30 帧重建视觉效果

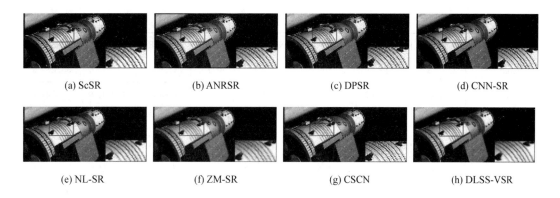

|(a) ScSR|(b) ANRSR|(c) DPSR|(d) CNN-SR|

|(e) NL-SR|(f) ZM-SR|(g) CSCN|(h) DLSS-VSR|

图 5-6　不同算法对 Satellite-2 视频序列中第 2 帧重建视觉效果

基于非局部相似性的 NL-SR 算法产生了明显的块效应,原因主要在于 NL-SR 中的时空相似性匹配方法无法更好地适应视频中的局部运动、角度旋转等复杂的运动场景。ZM-SR 算法能够克服这一问题,然而重建效果中仍然存在边缘和细节模糊现象,原因主要在于单纯依靠视频序列本身的相似性,往往由于相似性实例的不足,而不能恢复出更多的细节信息。

相比之下,DLSS-VSR 算法重建视觉效果相对更好,边缘轮廓更加突出,细节信息更为清晰,视觉效果更为平滑,且整体视觉对比度和清晰度较强。这主要得益于 DLSS-VSR 算法综合利用了外部关联映射学习和内部时空相似性,充分利用了两者的优势互补,因而能够恢复出更多的细节信息。此外,该算法中的时空相似性在局部运动、角度旋转等复杂的运动场景下具有更好的鲁棒性,因而能够更好地适应一些复杂运动场景,并且具有一定的去噪效果。

(2) 客观评价指标对比及分析

表 5-2 至表 5-5 分别给出了 12 组视频序列分别在 8 种不同算法(ScSR、ANRSR、DPSR、CNN-SR、CSCN、NL-SR、ZM-SR、DLSS-VSR)下的超分辨率重建效果的 PSNR、MS-SSIM、RMSE 和 IFC 客观评价指标平均值。图 5-7 至图 5-10 中给出了 Football、Ice、Satellite-1 和 Satellite-2 视频序列在 8 种不同算法下重建效果的 PSNR、MS-SSIM、RMSE 的对比曲线。

表 5-2　8 种不同算法的超分辨率重建效果 PSNR 指标平均值

视频序列	ScSR	ANRSR	DPSR	CNN-SR	NL-SR	ZM-SR	CSCN	DLSS-VSR
Satellite-1	37. 901 3	38. 283	37. 931 5	37. 740 9	38. 653 4	38. 760 1	37. 766 9	39. 038 9
Satellite-2	33. 289 3	31. 839 7	33. 093 1	32. 699 4	33. 870 9	33. 923 8	32. 506 1	34. 839 5

视频序列	ScSR	ANRSR	DPSR	CNN-SR	NL-SR	ZM-SR	CSCN	DLSS-VSR
Satellite-3	32.768 9	31.988 9	32.809 8	32.570 3	34.047 8	34.923	32.543 6	35.284 8
Forman	35.331 5	29.928 7	35.496 8	35.001 5	36.324 2	36.967 7	35.243 8	37.147 1
Calendar	27.511 2	27.701 2	27.601	27.382 5	28.103 7	28.911 7	27.398 5	29.293 9
Coastguard	31.634 7	29.487 7	31.730 9	31.497 1	32.665 9	33.651	31.556	33.601 4
Suzie	35.432 7	29.676 5	35.454 9	35.283 3	35.846 3	36.903 5	35.329 9	37.230 1
Mother_Daughter	27.636 3	27.191 2	27.658 2	27.614 6	27.749 4	28.058 7	27.644 6	28.013 4
Miss_America	33.600 5	33.263 1	33.667 3	33.543 9	34.411 8	35.258 1	33.656 4	35.240 9
Ice	27.068 3	25.637 7	27.125 6	27.025 7	27.373	27.606 9	27.117 5	27.752 8
Football	31.379 4	30.968 1	31.307 2	31.307 2	32.334 2	32.747 6	30.832 3	33.291 4
Carphone	31.779 6	27.630 8	32.210 4	31.550 6	32.930 4	33.865 7	31.910 3	33.884 4
Akiyo	34.729 4	32.355 5	34.768	34.481 9	35.390 6	35.468 8	34.557 5	35.675 3
Average	32.312 5	30.457 9	32.373 4	32.130 7	33.054 0	33.619 0	32.158 7	33.868 8

表 5-3 8 种不同算法的超分辨率重建效果 MS-SSIM 指标平均值

视频序列	ScSR	ANRSR	DPSR	CNN-SR	NL-SR	ZM-SR	CSCN	DLSS-VSR
Satellite-1	0.986 8	0.988	0.986 7	0.987	0.991	0.989 8	0.9867	0.991 6
Satellite-2	0.959 3	0.960 8	0.957 3	0.957 3	0.967 3	0.960 2	0.955 8	0.967 4
Satellite-3	0.931 2	0.935 9	0.931 8	0.931 4	0.951 1	0.957	0.932 9	0.957 9
Forman	0.966 4	0.968	0.965 5	0.966 2	0.977 2	0.976 7	0.966 5	0.979 2
Calendar	0.853 4	0.860 1	0.854 3	0.853 9	0.871 5	0.882 8	0.856 1	0.884 6
Coastguard	0.898 4	0.906 7	0.901 4	0.900 5	0.926 1	0.935 4	0.902 3	0.934 7
Suzie	0.952 2	0.955 3	0.953 4	0.953 5	0.970 3	0.969 9	0.954 4	0.970 7
Mother_Daughter	0.929 6	0.932 7	0.929 8	0.930 8	0.950 6	0.956 6	0.933 2	0.957 4
Miss_America	0.945 3	0.948 5	0.946 4	0.946 5	0.960 6	0.968 5	0.948 6	0.967 8
Ice	0.936 2	0.937 5	0.935 8	0.935 5	0.951 6	0.954 6	0.94	0.960 6
Football	0.907 7	0.912 9	0.905 9	0.905 9	0.929 8	0.923 7	0.904 7	0.933 6
Carphone	0.92	0.927 7	0.925	0.923 8	0.948 6	0.948 6	0.925 6	0.950 7
Akiyo	0.958 1	0.960 3	0.957 8	0.957 9	0.970 8	0.966 8	0.958 8	0.967 9
Average	0.934 2	0.938 0	0.934 7	0.934 6	0.951 3	0.953 1	0.935 8	0.955 7

表 5-4 8 种不同算法的超分辨率重建效果 RMSE 指标平均值

视频序列	ScSR	ANRSR	DPSR	CNN-SR	NL-SR	ZM-SR	CSCN	DLSS-VSR
Satellite-1	0.002 9	0.002 8	0.002 9	0.002 9	0.002 8	0.002 7	0.002 9	0.002 6
Satellite-2	0.006	0.006 9	0.006 2	0.006 4	0.005 8	0.005 8	0.006 5	0.005 2
Satellite-3	0.004 4	0.004 8	0.004 4	0.004 5	0.004 1	0.003 6	0.004 5	0.003 5
Forman	0.007 3	0.012	0.007 2	0.007 5	0.007 2	0.006 5	0.007 3	0.006 5
Calendar	0.008	0.008	0.008	0.008 1	0.007 8	0.007 1	0.008 1	0.006 7
Coastguard	0.008 7	0.011 3	0.008 6	0.008 8	0.008 3	0.007 3	0.008 8	0.007 2
Suzie	0.017 7	0.028	0.017 7	0.017 9	0.017 8	0.016 6	0.017 7	0.016 1
Mother_Daughter	0.013 3	0.016	0.013 2	0.013 5	0.013 1	0.012 6	0.013 3	0.012 7
Miss_America	0.023 9	0.026 7	0.023 8	0.024 1	0.023 9	0.022 7	0.023 8	0.021 7
Ice	0.020 2	0.022 7	0.020 1	0.020 3	0.019 9	0.019 5	0.020 2	0.019 2
Football	0.010 8	0.012 5	0.010 9	0.010 9	0.010 4	0.01	0.011 3	0.009 2
Carphone	0.019 8	0.030 3	0.019 2	0.020 3	0.02	0.017 7	0.019 7	0.017 1
Akiyo	0.007 7	0.009 8	0.007 7	0.007 9	0.007 8	0.007 1	0.007 8	0.006 9
Average	0.011 6	0.014 8	0.011 5	0.011 8	0.011 5	0.010 7	0.011 7	0.010 4

表 5-5 8 种不同算法的超分辨率重建效果 IFC 指标平均值

视频序列	ScSR	ANRSR	DPSR	CNN-SR	NL-SR	ZM-SR	CSCN	DLSS-VSR
Satellite-1	0.367 3	0.346 8	0.387 2	0.359 4	0.382 2	0.375 4	0.359 9	0.413 6
Satellite-2	0.966	1	0.993	0.929 1	1.038 2	0.971	0.944 1	1.175 1
Satellite-3	0.784	0.836 6	0.790 4	0.771 6	0.835 1	0.945 1	0.758 5	1.025 7
Forman	1.425 3	1.685 9	1.499 7	1.455 1	1.674 1	1.765 1	1.419 9	1.725
Calendar	0.907 7	0.917 9	0.893 8	0.872 5	0.888	0.959 1	0.866 7	1.089
Coastguard	0.734 9	0.863	0.783 3	0.719 4	0.818 3	0.805 5	0.717 8	0.984 3
Suzie	0.904 6	1.063 8	0.893 7	0.869 2	1.079 2	1.069 4	0.877 8	1.155 5
Mother_Daughter	0.999 7	1.232 4	1.055 2	1.028 8	1.244 2	1.034 2	0.981	1.285 2
Miss_America	0.804	0.788 4	0.793 7	0.766 6	0.934 6	0.898 3	0.782 8	0.909 5
Ice	0.790 7	0.938 9	0.799	0.760 3	0.823 7	0.810 4	0.769 6	0.908
Football	0.926 1	0.960 4	0.932 9	0.932 9	0.964 3	0.846 7	0.884 6	0.996 4
Carphone	0.872 2	0.985	0.881 2	0.861 3	1.038	1.069 1	0.847 7	1.077
Akiyo	1.031 9	1.134 6	1.111 1	1.023 4	1.210 2	1.152	1.026 5	1.266 6
Average	0.885 7	0.981 1	0.908 8	0.873 0	0.994 6	0.977 0	0.864 4	1.077 8

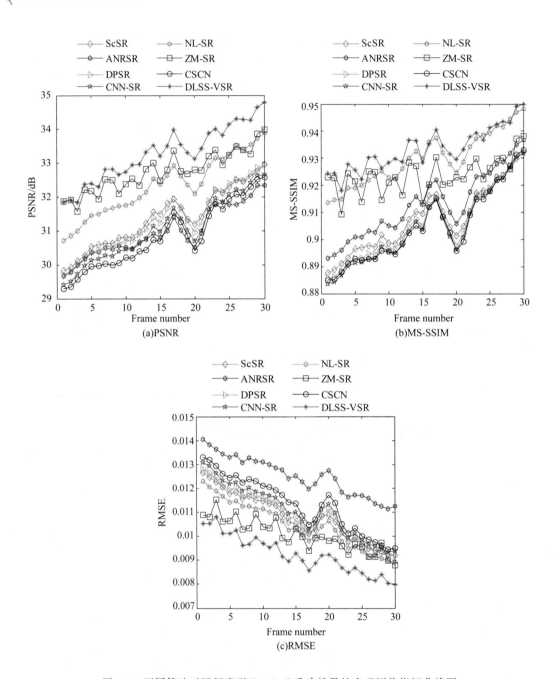

图 5-7　不同算法对视频序列 Football 重建效果的客观评价指标曲线图

通过分析图 5-7 至图 5-10、表 5-2 至表 5-5 的实验数据发现，相比于 ScSR、ANRSR、DPSR、CNN-SR、NL-SR、ZM-SR 和 CSCN 算法，本章提出的 DLSS-VSR 算法获取了更高的 PSNR、MS-SSIM 和 IFC 指标值，以及更低的 RMSE 指标值。在 PSNR 指标方面，分别平均提升了 4.8%、11.2%、4.6%、5.4%、2.5%、0.7% 和 5.3%；在 MS-SSIM 指标

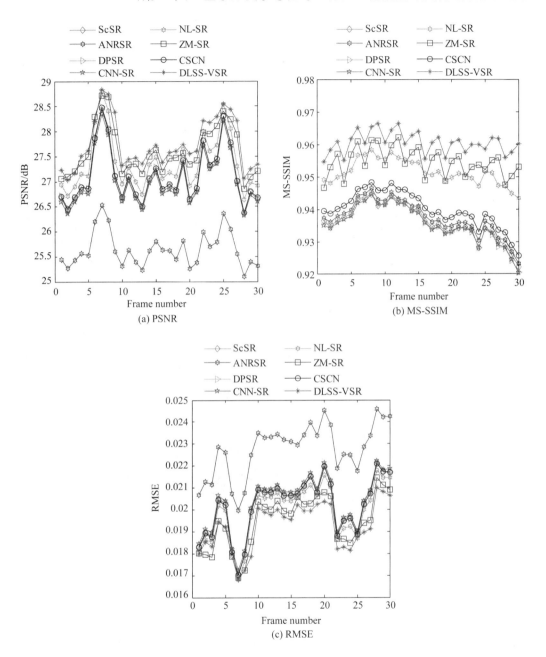

图 5-8　不同算法对视频序列 Ice 重建效果的客观评价指标曲线图

方面,分别平均提升了 2.3%、1.9%、2.3%、2.3%、0.5%、0.3% 和 2.1%;在 IFC 指标方面,分别平均提升了 21.7%、9.9%、18.6%、23.5%、8.4%、10.3% 和 24.7%;在 RMSE 指标方面,分别平均降低了 10.3%、29.7%、18.6%、23.5%、8.4%、10.3% 和 24.7%。实验结果表明本章算法的整体性能更高,这主要得益于本章算法综合利用了外部 LR-

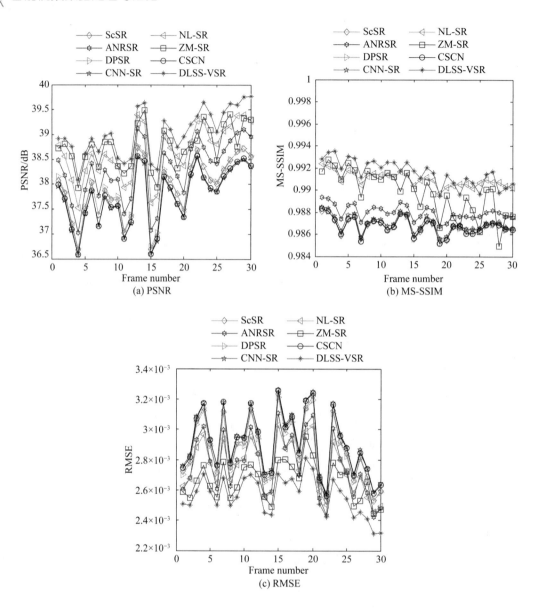

图 5-9　不同算法对视频序列 Satellite-1 重建效果的客观评价指标曲线图

HR 关联映射学习以及视频自身的内部时空相似性，充分发挥了两者的优势互补。而 ScSR、ANRSR、DPSR、CNN-SR、CSCN 只是单纯利用了外部 LR-HR 关联映射先验约束学习，NL-SR、ZM-SR 算法只是单纯利用了内部相似性。因而本章方法比其他 7 种对比算法更有优势。

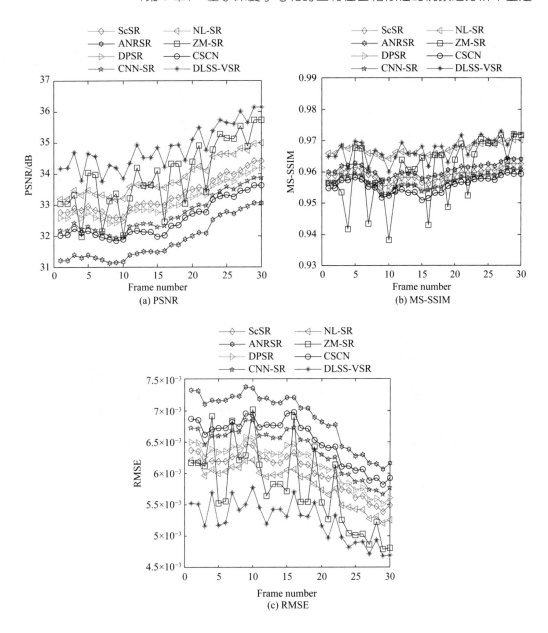

图 5-10 不同算法对视频序列 Satellite-2 重建效果的客观评价指标曲线图

2. 实验 2:内外部时空非局部相似性约束对基于学习机制的 SR 算法的影响实验

在实验 2 中,我们对不同的内外部时空非局部相似性约束对基于学习机制的超分辨率算法的影响进行了验证。本组实验以 Satellite-1、Satellite-2、Forman、Calendar 和 Coastguard 视频序列为实验数据,对比了如下几种不同的内外部约束的超分辨率方法:

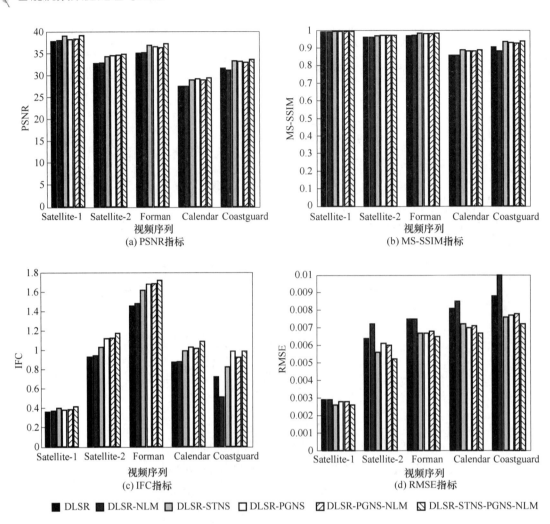

图 5-11　不同约束下的超分辨率重建效果客观评价指标对比

（1）外部深度关联映射约束（DLSR）；（2）外部深度关联映射约束＋内部单帧非局部相似性约束（DLSR_NLM）；（3）外部深度关联映射约束＋内部时空非局部相似性约束（DLSR_STNS）；（4）外部深度关联映射约束＋外部非局部相似性约束（DLSR_PGNS）；（5）外部深度关联映射约束＋内外部单帧非局部相似性约束（DLSR_PGNS_NLM）；（6）外部深度关联映射约束＋内部时空非局部相似性约束＋内外部单帧非局部相似性约束（DLSR_STNS_PGNS_NLM）。表 5-6 中给出了不同约束条件下的超分辨率重建效果的 PSNR、MS-SSIM、RMSE 和 IFC 指标值。

表 5-6 不同约束下的超分辨率重建效果客观评价指标值

视频序列	客观评价指标	DLSR	DLSR_NLM	DLSR_STNS	DLSR_PGNS	DLSR_PGNS_NLM	DLSR_STNS_PGNS_NLM
Satellite-1	PSNR	37.740 9	37.924 4	38.912 5	38.147 5	38.214 0	39.038 9
	MS-SSIM	0.987	0.988 1	0.990 9	0.990 3	0.990 7	0.991 6
	RMSE	0.002 9	0.002 9	0.002 6	0.002 8	0.002 8	0.002 6
	IFC	0.359 4	0.367 6	0.398 9	0.379 2	0.381 5	0.413 6
Satellite-2	PSNR	32.699 4	32.791 9	34.284 1	34.445 7	34.614 3	34.839 5
	MS-SSIM	0.957 3	0.957 9	0.966 6	0.968	0.968 3	0.967 4
	RMSE	0.006 4	0.007 2	0.005 6	0.006 1	0.006 0	0.005 2
	IFC	0.929 1	0.939 7	1.032 3	1.119 5	1.127 0	1.175 1
Forman	PSNR	35.001 5	35.164 6	36.859 8	36.417 5	36.269 7	37.147 1
	MS-SSIM	0.966 2	0.968	0.978 5	0.976 7	0.975 9	0.979 2
	RMSE	0.007 5	0.007 5	0.006 7	0.006 7	0.006 8	0.006 5
	IFC	1.455 1	1.481 5	1.620 3	1.684 6	1.687 7	1.725
Calendar	PSNR	27.382 5	27.438 6	28.851 9	29.026	28.867 4	29.293 9
	MS-SSIM	0.853 9	0.854 9	0.885 3	0.878 6	0.879 6	0.884 6
	RMSE	0.008 1	0.008 5	0.007 2	0.007	0.007 1	0.006 7
	IFC	0.872 5	0.876 1	0.990 9	1.031 6	1.016 3	1.089
Coastguard	PSNR	31.497 1	31.056 2	33.230 5	33.053 5	32.859 6	33.601 4
	MS-SSIM	0.900 5	0.879 9	0.932 1	0.926 3	0.924 0	0.934 7
	RMSE	0.008 8	0.01	0.007 6	0.007 7	0.007 8	0.007 2
	IFC	0.719 4	0.511 1	0.823 1	0.989	0.924 0	0.984 3

通过分析表 5-6 和图 5-11 中的实验数据可以看出,外部关联映射学习和内外部非局部相似性联合约束的超分辨率方法(DLSR_NLM、DLSR_STNS、DLSR_PGNS、DLSR_PGNS_NLM 和 DLSR_STNS_PGNS_NLM)相比于单纯的基于外部关联映射学习的超分辨率方法(DLSR)而言,性能更高,在 5 个视频序列数据集上,均取得了更高的 PSNR、MS-SSIM 和 IFC 指标值以及更低的 RMSE 指标值。与 DLSR_NLM 相比,DLSR_STNS 取得的重建效果指标值更高,主要是因为 DLSR_STNS 不仅考虑了视频单帧内的非局部相似性,还考虑了视频帧间的时空相似性,因而相比于基于单帧的超分辨率机制,它更充分地利用了视频帧间的时空关系,在一定程度上可以避免帧间抖动现象的发生,更好地保护视频的时空一致性。DLSR_PGNS_NLM 相比于 DLSR_PGNS 在一定程度上得到了改善,主要是因为 DLSR_PGNS_NLM 综合利用了外部非局部相似性和视频内

部相似性,克服了单纯由外部相似性引入的视觉瑕疵和噪声干扰问题,而 DLSR_PGNS 仅考虑了外部非局部相似性。然而,相比于 DLSR_NLM、DLSR_STNS、DLSR_PGNS、DLSR_PGNS_NLM,内部时空非局部相似性和内外部单帧非局部相似性的联合约束 STNS_PGNS_NLM 与单一的相似性约束相比,取得了更高的客观指标值,这主要得益于联合约束 STNS_PGNS_NLM 进一步丰富了相似性计算的来源,综合考虑了视频自身内部的时空相似性和外部相似性,二者可以相互补充,从而可进一步提升超分辨率性能。

3. 实验 3:视觉显著性检测对于超分辨率算法性能的影响实验

在外部非局部相似性匹配过程中,需要选择学习到的最佳匹配高斯组件,为了在保证不影响重建质量的同时,提升该过程的时间效率,我们引入了视觉显著性检测,从而重点对人眼所关注的运动目标区域进行外部相似性的匹配。

表 5-7 对比了添加显著性计算前后每个视频序列平均每帧的时间效率。表 5-8 给出了添加显著性计算前后 13 个视频序列超分辨率效果的平均 PSNR、MS-SSIM、RMSE 和 IFC 指标值,并和其他方法进行了对比。

通过分析表 5-7 中的数据可以看出,添加视觉显著性检测会显著提升超分辨率算法的时间效率,因为它重点对视觉显著性区域进行了外部非局部相似性的匹配。通过表 5-8 中列出的各种不同方法的超分辨率重建效果客观指标值可以看出,引入显著性后的 DLSS-VSR_SAL 算法稍逊于引入显著性前的 DLSS-VSR 算法,但仍优于其他 7 种对比算法,获取了更高的 PSNR、MS-SSIM、RMSE 和 IFC 指标值。由此看出,添加显著性检测后的 DLSS-VSR_SAL 算法整体性能更优。

表 5-7　LSS-VSR_SAL 和 DLSS-VSR 算法的时间效率对比

视频序列	DLSS-VSR	DLSS-VSR_SAL
Satellite-1	38.782 1	23.942 9
Satellite-2	57.780 0	25.131 1
Forman	24.268 5	16.126 7
Calendar	65.873 2	41.000 0
Coastguard	19.348 8	10.836 9
平均值	41.210 5	23.407 5

表 5-8 不同算法的重建效果客观评价指标平均值

视频序列	ScSR	ANRSR	DPSR	CNN-SR	NL-SR	ZM-SR	CSCN	DLSS-VSR_SAL	DLSS-VSR
PSNR	32.312 5	30.457 9	32.373 4	32.130 7	33.054 0	33.619 0	32.158 7	33.546 6	33.868 8
MS-SSIM	0.934 2	0.938 0	0.934 7	0.934 6	0.951 3	0.953 1	0.935 8	0.954 5	0.955 7
RMSE	0.011 6	0.014 8	0.011 5	0.011 8	0.011 5	0.010 7	0.011 7	0.011 2	0.010 4
IFC	0.885 7	0.981 1	0.908 8	0.873 0	0.994 6	0.977 0	0.864 4	0.999 6	1.077 8

本 章 小 结

本章提出了基于深度学习和时空特征相似性的视频超分辨率重建算法(DLSS-VSR);综合利用外部深度关联映射学习和内部时空非局部自相似性先验约束,通过两者的优势互补,构建了内外部联合约束的视频超分辨率重建机制;构建了基于深度卷积神经网络的深度学习模型,建立了 HR 和 LR 视频帧块间的非线性关联映射;提出了新的时空特征相似性计算策略,综合考虑视频内部时空自相似性和外部无降质非局部相似性;利用基于块群的 PG-GMM 模型学习外部非局部相似性先验约束,并结合时空矩特征相似性和结构相似性进行了内部时空特征自相似性计算。

本章设计了 3 组实验,分别为:不同算法的视频超分辨率重建对比实验、内外部时空非局部相似性约束对基于学习机制的 SR 算法的影响实验和视觉显著性检测对于超分辨率算法性能的影响实验。实验结果表明,相比其他 7 种有代表性的优秀超分辨率算法(ScSR、ANRSR、DPSR、CNN-SR、NL-SR、ZM-SR 和 CSCN 算法相比),DLSS-VSR 算法在 PSNR 指标方面分别平均提升了 4.8%、11.2%、4.6%、5.4%、2.5%、0.7%和 5.3%;在 MS-SSIM 指标方面分别平均提升了 2.3%、1.9%、2.3%、2.3%、0.5%、0.3%和 2.1%;在 IFC 指标方面分别平均提升了 21.7%、9.9%、18.6%、23.5%、8.4%、10.3%和 24.7%;在 RMSE 指标方面分别平均降低了 10.3%、29.7%、18.6%、23.5%、8.4%、10.3%和 24.7%。内部时空非局部相似性和内外部单帧非局部相似性的联合约束(STNS_PGNS_NLM)与单一的内部或外部相似性约束相比进一步提升了视频超分辨率性能。此外,引入视觉显著性检测后的相似性约束进一步提升了超分辨率算法的时间效率。

参 考 文 献

［1］ DONG W S, ZHANG L, SHI G M, et al. Nonlocally centralized sparse representation for image restoration[J]. IEEE Transactions on Image Processing, 2013, 22(4):1620-1630.

［2］ YANG Y, WANG Z, LIN Z, et al. Coupled dictionary training for image super-resolution[J]. IEEE Transactions on Image Processing, 2012, 21(8): 3467-3478.

［3］ YANG J, WRIGHT J, HUANG T, et al. Image super resolution via sparse representation[J]. IEEE Transactions on Image Processing, 2010, 19(11): 2861-2873.

［4］ WANG S L, ZHANG L, LIANG Y, et al. Semi-coupled dictionary learning with applications to image super-resolution and photo-sketch synthesis［C］. IEEE International Conference on Computer Vision and Pattern Recognition (CVPR), 2012, 2216-2223.

［5］ HE L, QI H R, ZARETZKI R. Beta process joint dictionary learning for coupled feature spaces with application to single image super resolution［C］. IEEE International Conference on Computer Vision and Pattern Recognition (CVPR), 2013, 345-352.

［6］ ZHU Y, ZHANG Y N, YUILLE A L. Single image super-resolution using deformable patches[C]. IEEE International Conference on Computer Vision and Pattern Recognition (CVPR), 2014, 2917-2924.

［7］ KRIZHEVSKY A, SUTSKEVER I, et al. Hinton. ImageNet classification with deep convolutional neural networks［C］. In Advances in Neural Information Processing Systems 25 (NIPS 2012), 2012, 1097-1105.

［8］ HE K M, ZHANG X Y, REN S Q, et al. Spatial pyramid pooling in deep convolutional networks for visual recognition[J]. IEEE Transactions on Pattern Analysis and Machine Intelligence, 2015, 37(9): 1904-1916.

［9］ CUI Z, CHANG H, SHAN S, et al. Deep network cascade for image super-resolution[C]. In ECCV, 2014, 49-64.

［10］ DONG C, LOY C C, HE K, et al. Learning a deep convolutional network for image super-resolution[C]. In ECCV，2014，184-199.

[11] DONG C, LOY C C, HE K M, et al. Image super-resolution using deep convolutional networks［J］. IEEE Transactions on Pattern Analysis and Machine Intelligence，2015，38(2)：295-307.

[12] WANG Z W, LIU D, YANG J C, et al. Deep networks for image super-resolution with sparse prior[C]. 2015 IEEE International Conference on Computer Vision (ICCV 2015)，2015，370-378.

[13] YANG C, HUANG J, YANG M, Exploiting self-similarities for single frame super-resolution[C]. In Proceedings of Asian Conference on Computer Vision (ACCV)，2010，1807-1818.

[14] GLASNER D, BAGON S, IRANI M. Super-resolution from a single image[C]. In ICCV，2009，349-356.

[15] FREEDMAN G, FATTAL R. Image and video upscaling from local self-examples[J]. ACM Transactions on Graphics，2011，30(12)：1-11.

[16] ZHANG K B, GAO X B, TAO D C, et al. Single image super-resolution with multiscale similarity learning[J]. IEEE Transactions on Neural Networks and Learning Systems，2013，24(10)：1648-1659.

[17] LI X, HU Y, GAO X, et al. A multi-frame image super-resolution method[J]. Signal Process.，2010，90(2)：405-414.

[18] PROTTER M, ELAD M, TAKEDA H, et al. Generalizing the Nonlocal-Means to Super-Resolution Reconstruction[J]. IEEE Transaction on Image Processing，2009，18(1)：349-366.

[19] DOWSON N, SALVADO O. Hash nonlocal means for rapid image filtering[J]. IEEE Transactions on Pattern Analysis and Machine Intelligence，2011，33(3)：485-499.

[20] GAO X B, WANG Q, LI X L, et al. Zernike-moment-based image super resolution[J]. IEEE Transaction on Image Processing，2011，20(10)：2738-2747.

[21] BURGER H, SCHULER C, HARMELING S. Learning how to combine internal and external denoising methods［J］. Lecture Notes in Computer Science：Pattern Recognition，2013，8142：121-130.

[22] ZONTAK M, IRANI M. Internal statistics of a single natural image[C]. In

CVPR，2011，977-984.

[23] WANG Z，YANG Y，YANG J，et al. Designing a composite dictionary adaptively from joint examples[C]. 2015 Visual Communications and Image Processing (VCIP)，2015，1-4.

[24] MOSSERI I，ZONTAK M，IRANI M. Combining the power of internal and external denoising [C]. IEEE International Conference on Computational Photography (ICCP)，2013，1-9.

[25] YU J F，GAO X B，TAO D C，et al. A unified learning framework for single image super-resolution[J]. IEEE Transactions on Neural Networks and Learning Systems，2014，25(4)：780-792.

[26] YANG J，LIN Z，COHEN S. Fast image super-resolution based on in-place example regression[C]. IEEE International Conference on Computer Vision and Pattern Recognition (CVPR)，2013，1059-1066.

[27] WANG Z，WANG Z，CHANG S，et al. A joint perspective towards image super-resolution：Unifying external-and self-examples[C]. In WACV，2014，596-603.

[28] ZHANG K B，TAO D C，GAO X B，et al. Coarse-to-fine learning for single-image super-resolution [J]. IEEE Transactions on Neural Networks and Learning Systems，2016，PP(99)：1-14.

[29] WANG Z Y，YANG Y Z，WANG Z W，et al. Learning super-resolution jointly from external and internal examples[J]. IEEE Transactions on Image Processing，2015，24 (11)：4359-4371.

[30] WANG Z Y，YANG Y Z，WANG Z W，et al. Self-tuned deep super resolution [C]. 2015 IEEE Conference on Computer Vision and Pattern Recognition Workshops (CVPRW)，2015：1-8.

[31] TIMOFTE R，DE V，VAN GOOL L. Anchored neighborhood regression for fast example-based super-resolution[C]. International Conference on Computer Vision (ICCV)，2013，1920-1927.

第6章
视频显著性时空特征提取

针对现有事件表示方法没有充分考虑视频的帧间时空相关性,难以适用于复杂运动场景的问题,本章提出了一种视频显著性时空特征提取算法。将基于混合高斯模型的视频前景目标提取算法和时空梯度模型相结合,在输入视频前景目标的时空块上提取显著性时空特征,避免了背景信息的干扰,在充分考虑视频帧间时空相关性的同时,使拥挤场景下的局部活动得到了很好的表示。

6.1 视频显著性时空特征提取的算法框架

采用基于混合高斯模型的视频前景目标提取算法,对原始视频图像进行背景建模和前景检测,提取出前景目标,以前景目标二值图像为模板掩膜与原始视频灰度图像做与运算,获取前景目标灰度图像。在此基础上,采用基于时空梯度模型的特征提取方法,将每帧视频图像缩放与分割,在连续几帧对应区域组成的时空块上提取显著性时空特征,实现对游客行为的特征描述,并基于主成分分析方法对特征向量进行降维处理。视频显著性时空特征提取算法框架如图 6-1 所示。

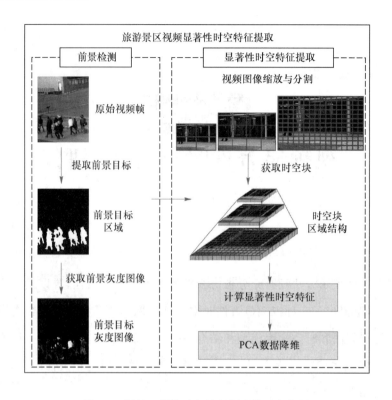

图 6-1　视频显著性时空特征提取算法框架图

6.2　视频显著性时空特征提取的算法实现

6.2.1　视频背景建模和前景检测

为了避免视频中背景信息的干扰,在特征提取之前首先需要对视频进行背景建模和前景检测,提取出前景目标。本章采用基于混合高斯模型的视频前景目标提取算法,对原始视频图像进行背景建模和前景检测,提取前景目标。

混合高斯模型是对单高斯分布模型的一种改进,它的基本思想是使用 L 个高斯模型来表示视频图像序列中每个像素点的特征,在获取新一帧图像后,用当前图像中的各个像素点与混合高斯模型进行匹配,如果匹配成功则判定该点为背景点,否则就为前景点,然后更新混合高斯模型。

对于单高斯分布模型,当多维变量 y 服从高斯分布时,它的概率密度函数如式(6-1)

所示。

$$F(\mathbf{y}, e, S) = \frac{1}{\sqrt{2\pi|S|}} \exp\left[-\frac{1}{2}(\mathbf{y}-e)^{\mathrm{T}}S^{-1}(\mathbf{y}-e)\right] \tag{6-1}$$

其中:$\mathbf{y}$ 是维度为 m 的列向量,e 是模型期望,S 是模型方差。

混合高斯模型认为数据是从几个单高斯分布模型中生成的,如式(6-2)所示。

$$G(\mathbf{y}) = \sum_{l=1}^{L} \pi_l F(y, e_l, S_l) \tag{6-2}$$

其中:L 需要事先确定好,π_l 是权值因子。

基于混合高斯模型的视频前景目标提取算法的实现步骤如表 6-1 所示。

表 6-1 基于混合高斯模型的视频前景目标提取算法的实现步骤

算法:基于混合高斯模型的视频前景目标提取算法

输入:原始视频

输出:前景目标二值图像

步骤 1:为图像每个像素点指定一个初始的均值、标准差以及权重

步骤 2:收集 N 帧图像,利用在线 EM 算法得到每个像素点的均值、标准差以及权重

步骤 3:从 $N+1$ 帧开始检测,对每个像素点将所有的高斯核按照 ω/σ 降序排序

步骤 4:选择满足 $M = \arg\min(\omega/\sigma > T)$ 的前 M 个高斯核

步骤 5:如果当前像素点的像素值在 M 中有一个匹配,就认为其为背景点

步骤 6:用在线 EM 算法更新背景图像

其中,EM 算法(期望最大化算法)是一种迭代算法,用于含有隐变量的概率参数模型的最大似然估计或极大后验概率估计。EM 算法的流程很简单:初始化分布参数,重复直至收敛。EM 算法中的 E 步骤是先估计未知参数的期望值,然后给出当前的参数估计,M 步骤是重新估计分布参数,其目的是使数据的似然性最大,给出未知变量的期望估计,迭代使用 EM 步骤,直到收敛。

基于高斯混合模型提取出视频图像序列的前景目标后,以前景目标二值图像为模板掩膜与原始视频灰度图像做与运算,可以得到前景目标灰度图像。其原理是前景目标二值图像中白色区域为前景目标区域,取值为 1,黑色区域为背景区域,取值为 0,将其与原始视频灰度图像做与运算时,由于 1 和任意值 X 相与结果都是 X,而 0 和任何值相与结果都为 0,所以最终与运算的结果就是使前景目标二值图像中的白色区域变为原始视频灰度图像中对应的区域,黑色区域保持不变,即得到前景目标的灰度图像,在此基础上提

取视频的显著性时空特征。

6.2.2　视频显著性时空特征提取

在复杂场景下,特别是在拥挤的场景中,人群之间存在严重的遮挡,这使得用传统方法提取人的行为特征来表示人群的运动模式变得难以实现[1]。监控视频中每个局部区域可能包含若干个活动对象,而且这些活动对象的动作是相互独立的。为了在充分考虑视频帧间时空相关性的同时,使拥挤场景下的局部活动得到很好的表示,本章采用基于时空梯度模型的特征提取方法,提取视频的显著性时空特征。

把视频分割成大小相同的局部时空容器,在每个局部时空容器上提取时空梯度信息,时空梯度信息表示了该局部时空容器的动作模式,通过每个局部时空容器紧凑的动作模式表示,能够获得整个视频的人群运动信息。

对局部时空容器 H 中的每一个像素点 h 计算其三维时空梯度 ∇H_h,表示为式(6-3)。

$$\nabla H_h = [H_{h,x}, H_{h,y}, H_{h,t}]^{\mathrm{T}} = \left[\frac{\partial H}{\partial x} \frac{\partial H}{\partial y} \frac{\partial H}{\partial t}\right]^{\mathrm{T}} \tag{6-3}$$

其中: x、y、t 分别表示局部时空容器中视频的水平方向、竖直方向和时间维度。

局部时空容器中每个像素点的时空梯度共同表示其特有的动作模式。因此,可对局部时空容器中的梯度分布建立一个三维高斯分布 $G(e, S)$,其中 e 和 S 分别表示为式(6-4)和式(6-5)。

$$e = \frac{1}{N} \sum_h^N \nabla H_h \tag{6-4}$$

$$S = \frac{1}{N} \sum_h^N (\nabla H_h - e)(\nabla H_h - e)^{\mathrm{T}} \tag{6-5}$$

视频中时间位置为 t、空间位置为 n 的局部时空容器可表示为 $O_t^n(e_t^n, S_t^n)$,通过这种方法将视频分割成一个个时空容器,在每个时空容器上提取 3D 梯度并构建出行为模式表示 $O_t^n(e_t^n, S_t^n)$。

本章将每帧视频图像缩放到 3 个不同尺度:20×20、30×40、120×160。每层均匀划分为一组非重叠的 10×10 的块,连续 5 帧对应区域组成一个时空块,在时空块上计算 3D 梯度特征,然后对其进行归一化,使它们的期望均值为 0,方差为 1。由于是在输入视频前景目标的时空块上提取 3D 梯度特征,因此将提取出的特征称为显著性时空特征。这里的显著性时空特征反映了游客的运动信息,因此用其作为游客的运动特征。图 6-2 中展示了视频图像的尺度变换和子块分割。

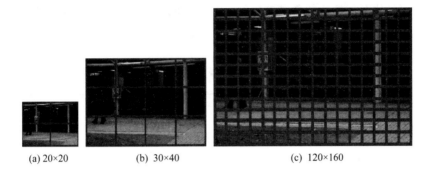

(a) 20×20　　　　　(b) 30×40　　　　　(c) 120×160

图 6-2　视频图像的尺度变换和子块分割

6.2.3　视频显著性时空特征降维

视频图像经过尺度缩放和分割后,每个子块的大小为 10×10,取连续 5 帧图像,每帧中单个像素的时空运动特征用三维向量表示,包括水平方向、竖直方向和时间,所以每个子块的特征维度为 $10\times10\times5\times3=1\,500$ 维,数据量很大。如果对特征向量不做任何处理,后续建立异常事件检测模型和重构误差的计算量将会很大,运行时间也会很长。因此,本章采用基于主成分分析的视频显著性时空特征降维算法对特征向量进行数据降维处理,其目的是减少特征向量的维度,同时保留绝大部分数据信息。

主成分分析是一种统计分析方法,它可以从复杂的事物中解析出主要影响因素,主成分分析的目标是将高维的数据通过线性变换投影到低维空间中去[2]。通过对复杂事物的主要方面进行分析,即对原有变量进行线性组合得到几个主要变量,在减少特征向量维度的同时保留绝大部分数据信息。主成分分析对于多元化的复杂数据十分必要,它可以简化复杂问题,减少计算量,是统计学中的常用方法。

基于主成分分析的视频显著性时空特征降维算法的目标是将 P 维的数据集 A 变换成具有较小维度 K 的数据集 B。对于 $P\times N$ 的视频显著性时空特征矩阵 A,P 是矩阵维数,N 是特征向量的个数。为方便后续计算,我们希望减少矩阵维数,用 N 个 K 维($K\ll P$)的特征向量来表示主要的原始数据,最终得到降维处理后的特征矩阵 B。

采用基于主成分分析的视频显著性时空特征降维算法将原始特征数据变换为一组各维度线性无关的表示,提取特征数据的主要特征分量,通过数据零均值化、计算协方差矩阵、特征值分解、构造投影矩阵等一系列求解过程,最终得到的 K 维特征是全新的正交特征,并且满足最大方差约束[3],也就是意味着这 K 维特征可以很好地区分原始数据,是最主要的成分,从而达到特征降维的目的。基于主成分分析的视频显著性时空特征降维算法的实现步骤如表 6-2 所示。

表 6-2 基于主成分分析的视频显著性时空特征降维算法的实现步骤

算法:基于主成分分析的视频显著性时空特征降维算法
输入:矩阵 A(矩阵维数是 P,特征向量的个数是 N),低维空间维数 K **输出**:矩阵 B(矩阵维数是 K,特征向量的个数是 N,$K \ll P$)
步骤 1:对每一维 $p = 1, \cdots, P$,计算经验均值,将计算得到的经验均值组成 $P \times 1$ 维均值向量 w **步骤 2**:计算平均偏差,对矩阵 A 进行零均值化,即将矩阵 A 的每一列都减去经验均值向量 w,结果保存在 $P \times N$ 的矩阵 X 中,可表示为 $X = A - wl$,其中,l 为值都为 1 的 $1 \times N$ 的行向量 **步骤 3**:根据矩阵 X 计算得到 $P \times P$ 的协方差矩阵 $C = \dfrac{1}{N} XX^{\mathrm{T}}$ **步骤 4**:利用特征值分解求出协方差矩阵的特征值及对应的特征向量 **步骤 5**:将特征向量按对应特征值大小从上到下按行排列成矩阵,取前 K 行构成投影矩阵 R **步骤 6**:$B = RA$ 即降维到 K 维后的特征矩阵

本章取 $K = 100$,将原始子块的 1 500 维特征向量降维到 100 维,保留了主要的数据,为后续的数据处理减少了计算量和运行时间。

6.3 视频显著性时空特征提取实验结果

6.3.1 视频背景建模和前景检测结果

采用基于混合高斯模型的视频前景目标提取算法对原始视频图像进行背景建模和前景检测的结果如图 6-3 所示,其中(a)为原始视频图像,(b)为前景目标二值图像。

以前景目标二值图像为模板掩膜与原始视频灰度图像做与运算,得到前景目标灰度图像,如图 6-4 所示,其中(a)为前景掩膜,(b)为前景灰度图像。

(a) 原始视频图像　　　　　　　　　　　　(b) 前景目标二值图像

图 6-3　背景建模和前景检测结果

(a) 前景掩膜　　　　　　　　　　　　(b) 前景灰度图像

图 6-4　前景灰度图像提取结果

6.3.2　视频显著性时空特征提取结果

采用基于时空梯度模型的特征提取方法,提取视频的显著性时空特征,并采用基于主成分分析的视频显著性时空特征降维算法对特征向量进行数据降维处理。

在 Matlab 中进行视频显著性时空特征的提取和降维,Tw 矩阵是 100×500 的由特征向量组成的投影矩阵,其中 100 是特征向量的数量,500 是矩阵维度。Tw 矩阵的每一行表示一个主分量向量,也称为协方差矩阵的特征向量,Tw 矩阵中的特征向量按照对应的特征值降序排列,如表 6-3 所示。

FeaMatPCA 矩阵为 100×112 000 的最终经主成分分析降维处理后的特征矩阵,其中 100 是矩阵维数,112 000 是特征向量的数量。FeaMatPCA 矩阵的每列表示一个样本观察数据,每行表示一个属性或特征,通过将投影矩阵 Tw 与原始特征矩阵(主成分分析降维前的原始显著性时空特征矩阵)相乘后得到,表示原始数据在各主成分向量上的投影,如表 6-4 所示。

表 6-3　特征向量组成的投影矩阵 Tw

特征向量	特 征				
	1	2	...	499	500
1	−0.377 1	−0.039 8	...	0.052 6	0.049 2
2	−0.024 1	−0.027 1	...	−0.037 6	−0.036 0
...	...	...	...	...	...
99	−0.029 1	−0.015 7	...	0.026 3	0.005 1
100	0.034 0	0.006 0	...	0.062 4	0.096 8

表 6-4　主成分分析降维处理后的特征矩阵 FeaMatPCA

特征	特征向量				
	1	2	...	111 999	112 000
1	−0.199 6	−0.002 6	...	0.116 4	0.083 2
2	0.096 8	0.099 4	...	0.074 0	−0.404 9
...	...	...	...	...	...
99	0.034 2	−0.034 5	...	−0.006 6	−0.012 7
100	−0.043 9	0.035 5	...	0.001 7	−0.063 7

本 章 小 结

本章提出了一种视频显著性时空特征提取算法,给出了视频显著性时空特征提取算法的框架,详细介绍了视频显著性时空特征提取算法的实现,包括视频背景建模和前景检测、视频显著性时空特征提取和视频显著性时空特征降维,采用基于混合高斯模型的视频前景目标提取算法对视频进行了背景建模和前景检测,提取出了视频中的前景目标,避免了视频中背景信息的干扰。在此基础上,本章充分考虑了视频帧间的时空相关性,采用基于时空梯度模型的特征提取方法,提取了输入视频前景目标上的显著性时空特征,并基于主成分分析方法对特征向量进行了降维处理,使不同场景下的局部活动得到很好的表示,最后给出了视频显著性时空特征提取的实验结果。

参 考 文 献

[1]　YONG S C, YONG H T. Abnormal event detection in videos using spatiotemporal autoencoder[J]. International Symposium on Neural Networks, 2017: 189-196.

[2]　JOLLIFFE I T, CADIMA J. Principal component analysis: a review and recent developments [J]. Philosophical Transactions of the Royal Society A: Mathematical, Physical and Engineering Sciences, 2016, 374(2065): 20150202.

[3]　ZHU Y, ZHANG X, WANG R, et al. Self-representation and PCA embedding for unsupervised feature selection[J]. World Wide Web, 2017, 1: 1-14.

第7章

基于稀疏组合学习的视频异常事件检测

针对现有异常事件检测方法在复杂运动场景下鲁棒性和时效性不高,无法适用于实际应用中的实时异常事件检测的问题,本章提出了一种基于稀疏组合学习的视频异常事件检测算法,通过视频显著性时空特征提取,构建了基于稀疏组合学习的视频异常事件检测模型,该模型在复杂运动场景下具有较好的鲁棒性和时效性,可以适用于实际应用中的实时异常事件检测。

7.1 基于稀疏组合学习的视频异常事件检测的算法框架

利用稀疏组合学习算法取代传统的稀疏表示,结合提取的视频显著性时空特征,通过将只包含正常事件的视频的显著性时空特征进行训练和学习,获取正常模式的字典,并在正常模式字典的基础上进一步进行稀疏基向量组合集学习,获取能更多地表示原始数据且保证重构误差在可允许范围内的稀疏组合集合,构建基于稀疏组合学习的视频异常事件检测模型,实现视频中的异常事件检测。基于稀疏组合学习的视频异常事件检测算法框架如图 7-1 所示。

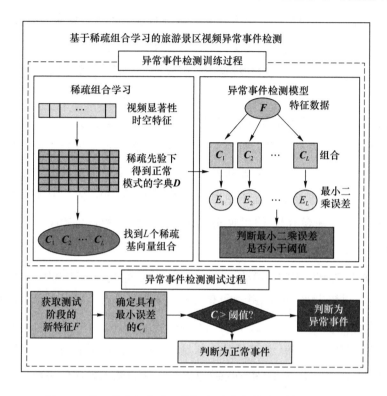

图 7-1　基于稀疏组合学习的视频异常事件检测算法框架图

7.2　基于稀疏组合学习的视频异常事件检测的算法实现

7.2.1　基于稀疏组合学习的异常事件检测的主要思想

本章采用稀疏组合学习算法建立视频的异常事件检测模型,以解决稀疏表示存在的效率问题[1],实现异常事件的实时检测。

结合视频显著性时空特征,利用稀疏组合学习算法,建立视频异常事件检测模型。基于提取的视频显著性时空特征,根据空间位置的相关性进行处理,只有在相同空间位置的特征会被一起训练和测试。将所有帧中的显著性时空特征表示为 $F=\{F_1,\cdots,F_n\}\in R^{m\times n}$,根据时间排列来训练,在正常模式字典 D 的基础上寻找一个稀疏基向量组合集 $C=\{C_1,\cdots,C_L\}$,每一个 $C_i\in R^{m\times c}$ 包含 c 个字典基向量,即将训练视频编码为基向量的可能组合,通过估计最小二乘误差寻找最合适的 L 个基组合,如此一来,重构误差最小。在测试阶段对一个新特征 F,通过和稀疏基向量组合集 C 一一比对,找到误差最小的那个,如果该误差超过了阈值则认定为是异常模式。

稀疏组合的目标是得到 L 个基础的组合,能够有效地代表原始数据,具有最小的重构误差 e,表示为式(7-1)。

$$e = \min_{c,\omega,\alpha} \sum_{j=1}^{n} \sum_{i=1}^{L} \omega_j^i \| F_j - C_i \alpha_j^i \|_2^2 \qquad \text{s.t.} \qquad \sum_{i=1}^{L} \omega_j^i = 1, \omega_j^i = \{0,1\} \qquad (7\text{-}1)$$

其中:$\omega = \{\omega_1, \cdots \omega_n\}$,$\omega_j = \{\omega_j^1, \cdots, \omega_j^L\}$,每个 ω_j^i 表明第 i 个组合 C_i 是否被选中来表示数据 F_j;α_j^i 是用组合 C_i 来表示 F_j 的相应的系数;约束 $\sum \omega_j^i$ 和 $\omega_j^i = \{0,1\}$ 表示只有一个组合可以被选择来表示 F_j。

组合的总数量 L 要足够小,因为一个非常大的 L 可能会使得重构误差 e 总是接近零,这样就无法实现对异常事件的检测了。因此,好的训练算法需要综合考虑这两个因素,从而使整体性能最优。

7.2.2 基于稀疏组合学习的异常事件检测的训练过程

为了在自动查找 L 个组合的同时不广泛增加重构误差 e,给每个训练特征的误差 e 设定了一个上界 λ。如果重构误差超过了上界,则该子集无法表示该训练数据;反之,如果重构误差小于上界,则可用该子集表示对应的训练数据。通过为 C 的所有子集设置重构误差上限 λ,来获得 L 个稀疏基向量组合,因此,更新式(7-1),表示为式(7-2)。

$$\forall j \in \{1, \cdots, n\}, e_j = \sum_{i=1}^{L} \omega_j^i \{ \| F_j - C_i \alpha_j^i \|_2^2 - \lambda \} \leqslant 0 \text{ s.t. } \sum_{i=1}^{L} \omega_j^i = 1, \omega_j^i = \{0,1\}$$

$$(7\text{-}2)$$

稀疏组合学习以迭代的方式执行。在每次迭代过程,只更新一个组合,让它能尽可能多地代表训练数据。这个过程可以迅速找到最优组合。不能由该组合得到很好表示的剩余训练数据会在下一轮用新的组合来表示,直到所有训练数据满足式(7-2)为止。

在第 i 个过程,由于不能由以前的组合 $\{C_1, \cdots, C_{i-1}\}$ 来表示剩余的训练数据 $F_r \in F$,计算 C_i 使其能尽可能多地代表训练数据 F_r。目标函数变为式(7-3)。

$$\min_{c,w,d} \sum_{j \in \Omega_r} \omega_j^i (\| F_j - C_i \alpha_j^i \|_2^2 - \lambda) \quad \text{s.t.} \quad \sum_{i=1}^{L} \omega_j^i = 1, \omega_j^i = \{0,1\} \qquad (7\text{-}3)$$

其中:Ω_r 是 F_r 的索引集,上述过程所得的结果可以代表大多数训练数据。如果

$\|F_j - C_i\alpha_j^i\|_2^2 - \lambda \geq 0$,则设 $\omega_j^i = 0$,相反地,如果 $\|F_j - C_i\alpha_j^i\|_2^2 - \lambda < 0$,则将 ω_j^i 设为 1。对于每一个过程 i,为了简化式(7-3),将其分为两个步骤来迭代更新。

(1) 更新 $\{C_c^i, \alpha\}$:固定 ω,式(7-3)成为二次函数,如式(7-4)所示。

$$L(\alpha, C_i) = \sum_{j \in \Omega_r} \omega_j^i \|F_j - C_i\alpha_j^i\|_2^2 \tag{7-4}$$

固定 C_i,使用拉格朗日公式来优化 α;然后固定 α,使用块坐标下降来优化 C_i。这两个步骤交替进行,表示为式(7-5)和式(7-6)。

$$\alpha_j^i = (C_i^T C_i)^{-1} C_i^T F_j \tag{7-5}$$

$$C_i = \Pi[C_i - \varphi_t \nabla_{C_i} G(\alpha, C_i)] \tag{7-6}$$

其中:φ_t 设置为 1E-4,Π 表示突出的基础单元列。块坐标下降由于其函数的凸度性可以收敛到全局最优。因此,$G(\alpha, C_i)$ 在每次迭代减少,以保证收敛逼近最优。

(2) 更新 ω:随着输出 $\{C_c^i, \alpha\}$,对于每一个 F_j,目标函数变为式(7-7)。

$$\min_{\omega_j^i} \|F_j - C_i\alpha_j^i\|_2^2 - \lambda\omega_j^i \quad \text{s.t. } \omega_j^i = 0 \text{ 或 } 1 \tag{7-7}$$

计算对应的重构误差,如果重构误差小于 λ,则 ω_j^i 设为 1,否则设为 0,表示为式(7-8)。

$$\omega_j^i = \begin{cases} 1, & \|F_j - C_i\alpha_j^i\|_2^2 < \lambda \\ 0, & \text{其他} \end{cases} \tag{7-8}$$

稀疏组合学习算法在每个过程学习一个 C_i,重复这个过程可以获得子集数目较少的稀疏基向量组合集,直到训练数据集 F_r 为空。稀疏组合学习算法的流程如图 7-2 所示。

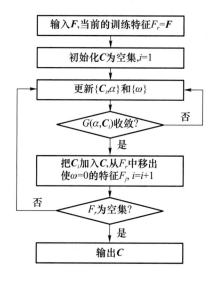

图 7-2 稀疏组合学习算法流程图

7.2.3 基于稀疏组合学习的异常事件检测的测试过程

在训练阶段得到了稀疏基向量组合集 $C=\{C_1,\cdots,C_L\}$，在测试阶段对于一个新数据 F，只需要检查 C 中是否存在组合使其重构误差小于上界阈值 T，如果存在，则判断为正常事件，否则为异常事件。这个过程可以通过检查每个 C_i 的最小二乘误差快速实现，如式(7-9)所示。

$$\min_{\alpha^i}\|F-C_i\alpha^i\|_2^2 \quad \forall\, i=1,\cdots,L \tag{7-9}$$

这是具有最优解的标准二次函数，由拉格朗日公式可计算得到式(7-10)。

$$\hat{\alpha}^i=(C_i^{\mathrm{T}}C_i)^{-1}C_i^{\mathrm{T}}F \tag{7-10}$$

C_i 的重构误差表示为式(7-11)。

$$\|F-C_i\hat{\alpha}^i\|_2^2=\|(C_i\,(C_i^{\mathrm{T}}C_i)^{-1}C_i^{\mathrm{T}}-I_m)F\|_2^2 \tag{7-11}$$

其中：I_m 是一个 $m\times m$ 的单位矩阵，为了进一步简化计算，给每个 C_i 定义一个辅助矩阵 A_i，如式(7-12)所示。

$$A_i=C_i\,(C_i^{\mathrm{T}}C_i)^{-1}C_i^{\mathrm{T}}-I_m \tag{7-12}$$

C_i 的重构误差根据 $\|A_iF\|_2^2$ 得到，如果重构误差小于上界阈值，则 F 为正常事件，否则为异常事件。测试阶段的算法流程如图 7-3 所示。

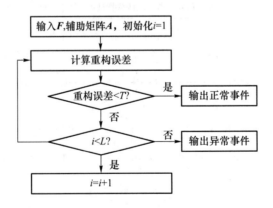

图 7-3　测试阶段算法流程图

7.3　实验结果与分析

7.3.1　数据集

本章在 ScenicSpot 景区数据集上测试了基于稀疏组合学习的视频异常事件检测方法的性能,包括 18 个既含有正常事件又含有异常事件的视频片段(共 5 964 帧),其中视频 1～10 是自己拍摄的景区视频,视频 11～18 是从网上找的实际的景区视频。其中人群的站立、行走等行为属于正常行为,而人群突然的惊慌四散、快速奔跑、拥堵、踩踏、打架斗殴等行为属于异常行为。

为了充分地进行实验并验证本章所提方法的性能,我们在 Avenue 标准数据集和UCSD Ped1 数据集上也进行了相关实验。Avenue 数据集包含 16 个正常事件的训练视频(共 15 328 帧)和 21 个既包含正常事件又包含异常事件的测试视频(共 15 324 帧),其中异常事件有快速奔跑、异常方向行走、扔杂物、逗留等。UCSD Ped1 数据集包含 34 个正常事件的训练视频和 36 个既包含正常事件又包含异常事件的测试视频,每个视频都有 200 帧图像,异常包括人行道上的非行人实体,例如自行车、滑板、小卡车、轮椅等,行人的异常运动模式也被看作异常事件,如行人行走在草坪上。

7.3.2　评价指标

本章采用特征提取时间、稀疏组合学习时间、每秒帧数、查全率、查准率、F1 值等客观评价指标对异常事件检测算法的性能进行定量客观评价。假设视频异常事件检测系统输出的系统判别情况如表 7-1 所示。

表 7-1　系统判别情况表

系统判断	实际关系	
	属于	不属于
标记为 YES	TP	FP
标记为 NO	FN	TN

其中：TP 表示标记为异常事件，也属于异常事件；FP 表示标记为异常事件，但属于正常事件（即误报率）；FN 表示标记为正常事件，但属于异常事件（即漏报率）；TN 表示标记为正常事件，也属于正常事件。系统的查全率（recall）、查准率（precision）和 F1 值的计算公式如式（7-13）、式（7-14）和式（7-15）所示。

$$recall = \frac{TP}{TP + FN} \tag{7-13}$$

$$precision = \frac{TP}{TP + FP} \tag{7-14}$$

$$F1 = \frac{2 \times precision \times recall}{precision + recall} \tag{7-15}$$

7.3.3 ScenicSpot 景区数据集的实验结果与分析

本章在 ScenicSpot 景区数据集上将实验结果和 Lu 等人[2]提出的基于梯度特征的异常事件检测方法（下文将这种方法简称为 AEDGF 方法）进行了对比，ScenicSpot 景区数据集上本章方法和 AEDGF 方法的每秒帧数、查准率、查全率、F1 值的实验结果如表 7-2 所示。

表 7-2 ScenicSpot 景区数据集上本章方法和 AEDGF 方法的每秒帧数、
查准率、查全率、F1 值的实验结果

测试视频	每秒帧数		查准率		查全率		F1 值	
	AEDGF 方法	本章方法	AEDGF 方法	本章方法	AEDGF 方法	本章方法	AEDGF 方法	本章方法
1	313	373	71.4%	66.7%	83.3%	99.8%	0.769	0.800
2	462	496	84.2%	81.8%	80.0%	90.0%	0.820	0.857
3	560	617	85.2%	83.3%	87.5%	93.8%	0.863	0.882
4	404	431	87.8%	85.7%	83.3%	99.9%	0.855	0.923
5	445	464	86.7%	83.3%	81.3%	93.8%	0.839	0.882
6	380	410	88.9%	81.8%	88.9%	99.0%	0.889	0.896
7	421	465	89.9%	86.7%	85.7%	92.9%	0.877	0.897
8	458	517	88.2%	84.2%	88.2%	94.1%	0.882	0.889
9	299	349	81.8%	83.3%	90.0%	99.5%	0.857	0.907
10	303	344	84.6%	86.7%	78.6%	92.9%	0.815	0.897
11	117	158	78.9%	76.0%	75.0%	95.0%	0.769	0.844
12	600	647	75.0%	78.3%	78.9%	94.7%	0.769	0.857
13	82	105	82.4%	85.0%	77.8%	94.4%	0.800	0.895

续 表

测试视频	每秒帧数		查准率		查全率		F1 值	
	AEDGF 方法	本章方法	AEDGF 方法	本章方法	AEDGF 方法	本章方法	AEDGF 方法	本章方法
14	273	303	77.8%	72.7%	87.5%	98.7%	0.824	0.837
15	155	173	81.3%	78.9%	86.7%	99.3%	0.839	0.879
16	588	608	76.9%	80.0%	83.3%	99.2%	0.800	0.886
17	328	377	88.2%	87.5%	86.7%	93.3%	0.874	0.903
18	371	409	84.2%	82.6%	80.0%	95.0%	0.820	0.884
平均值	364.389	402.556	83.0%	81.4%	83.5%	95.9%	0.832	0.880

从表 7-2 可以看出,在 ScenicSpot 景区数据集上,和 AEDGF 方法相比,本章方法的平均每秒帧数提高了 10.5%,在一定程度上提高了异常事件检测的效率。另外,本章方法在保证查准率变化不大的同时大幅提高了查全率,平均查全率为 95.9%,比 AEDGF 方法提高了 14.9%,且平均 F1 值也比 AEDGF 方法高 5.8%,表明本章方法的整体性能更优,能检测出绝大部分的异常事件,确保旅游景区的安全。ScenicSpot 景区数据集上视频片段的异常检测结果如图 7-4 所示。

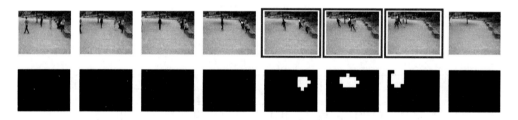

注:第一行为原始视频序列,方框中的为异常帧;第二行为对应的异常检测结果,白色区域为检测到的异常区域

图 7-4　ScenicSpot 景区数据集上视频片段的异常检测结果

通过图 7-5、图 7-6 和图 7-7,可以直观地看出在 ScenicSpot 景区数据集上,和 AEDGF 方法相比,本章方法的查全率、F1 值和每秒帧数均有所提升,表明本章方法的整体性能比 AEDGF 方法更优。

对于视频异常事件检测来说,查全率(代表能检测出更多的异常事件)和实时性是我们最关注的两点,从实验结果可以看出,本章方法在确保查准率的同时大幅提高了查全率,且在复杂场景下的鲁棒性和实时性都很好,因此,本章方法非常适用于旅游景区场景中的异常事件检测。

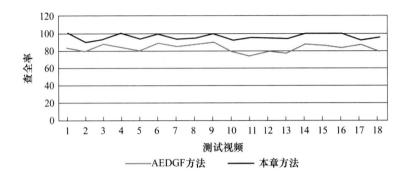

图 7-5　ScenicSpot 景区数据集上本章方法和 AEDGF 方法查全率的比较

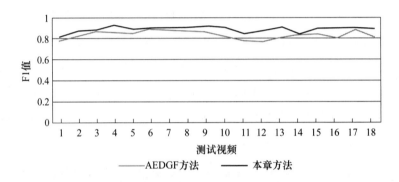

图 7-6　ScenicSpot 景区数据集上本章方法和 AEDGF 方法 F1 值的比较

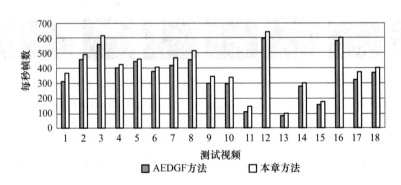

图 7-7　ScenicSpot 景区数据集上本章方法和 AEDGF 方法每秒帧数的比较

7.3.4　Avenue 标准数据集的实验结果与分析

在 Avenue 标准数据集上,本章方法和 AEDGF 方法的每秒帧数、查准率、查全率、F1 值的实验结果如表 7-3 所示,本章方法和 AEDGF 方法的特征提取时间、稀疏组合学习时间的实验结果如表 7-4 所示。

表 7-3　Avenue 标准数据集上本章方法和 AEDGF 方法的每秒帧数、查准率、查全率、F1 值的实验结果

测试视频	每秒帧数		查准率		查全率		F1 值	
	AEDGF 方法	本章方法	AEDGF 方法	本章方法	AEDGF 方法	本章方法	AEDGF 方法	本章方法
1	618	678	85.5%	84.6%	82.4%	94.5%	0.839	0.893
2	655	692	96.7%	95.3%	89.5%	99.8%	0.930	0.975
3	633	680	99.0%	98.4%	89.8%	99.9%	0.942	0.991
4	622	646	98.7%	96.8%	90.0%	99.4%	0.941	0.981
5	625	648	86.7%	84.1%	83.1%	97.6%	0.849	0.903
6	539	562	84.2%	83.9%	83.7%	99.0%	0.839	0.908
7	523	573	75.4%	73.9%	86.4%	99.0%	0.805	0.846
8	142	187	69.4%	66.7%	76.7%	89.4%	0.729	0.764
9	610	664	77.8%	77.3%	84.5%	95.1%	0.810	0.853
10	534	552	78.8%	76.8%	84.8%	94.2%	0.817	0.846
11	452	498	64.2%	63.3%	84.7%	99.8%	0.730	0.775
12	649	694	79.1%	75.5%	85.8%	95.7%	0.823	0.844
13	628	665	85.8%	85.1%	80.3%	93.1%	0.830	0.889
14	515	539	75.0%	68.6%	89.2%	97.0%	0.815	0.804
15	636	672	95.7%	94.6%	85.8%	99.5%	0.905	0.970
16	525	588	83.4%	76.6%	75.9%	87.7%	0.795	0.818
17	512	560	78.3%	74.9%	70.3%	81.5%	0.741	0.781
18	528	553	74.9%	74.4%	73.3%	84.9%	0.741	0.793
19	336	375	64.1%	62.5%	89.1%	98.0%	0.746	0.763
20	420	456	76.0%	75.3%	85.0%	94.1%	0.802	0.837
21	228	247	96.1%	93.4%	90.0%	98.7%	0.930	0.960
平均值	520.476	558.524	82.1%	80.1%	83.8%	95.1%	0.830	0.870

表 7-4　Avenue 数据集上本章方法和 AEDGF 方法的特征提取时间、稀疏组合学习时间的实验结果

不同方法	特征提取时间/s	稀疏组合学习时间/s
AEDGF 方法	200.461	512.804
本章方法	179.507	409.038

从表 7-3 和表 7-4 可以看出,在 Avenue 数据集上,本章方法在特征提取时间、稀疏组合学习时间上比 AEDGF 方法要短。和 AEDGF 方法相比,本章方法的平均每秒帧数由 520.476 提高到了 558.524,提高了 7.3%,在一定程度上提高了异常事件检测的效率,说明本章方法具有更好的实时性,实时性的提高对于视频的异常事件检测来说是十分重要的,能帮助相关工作人员对异常事件进行及时响应与处置。

另外,本章方法在保证检测查准率的情况下,大幅提高了查全率,平均查全率为 95.1%,比 AEDGF 方法提高了 13.5%,查全率的大幅提高代表能够检测出更多的异常事件,这一点对于视频异常事件检测来说也是很重要的。此外,本章方法的平均 F1 值比 AEDGF 方法高 4.8%,表明本章方法的整体性能更优,能检测出绝大部分异常事件。Avenue 数据集上视频片段的异常检测结果如图 7-8 所示。

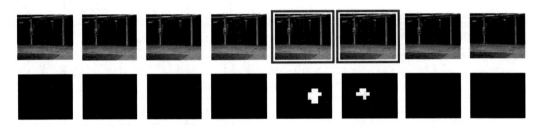

注:第一行为原始视频序列,方框中的为异常帧;第二行为对应的异常检测结果,白色区域为检测到的异常区域

图 7-8　Avenue 数据集上视频片段的异常检测结果

通过图 7-9、图 7-10 和图 7-11,可以直观地看出在 Avenue 数据集上,和 AEDGF 方法相比,本章方法的查全率、F1 值和每秒帧数均有所提升,表明本章方法的整体性能比 AEDGF 方法更优。

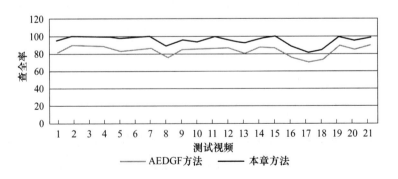

图 7-9　Avenue 数据集上本章方法和 AEDGF 方法查全率的比较

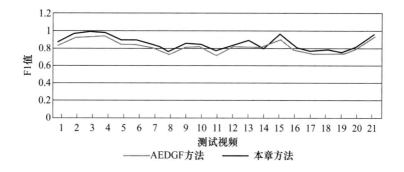

图 7-10 Avenue 数据集上本章方法和 AEDGF 方法 F1 值的比较

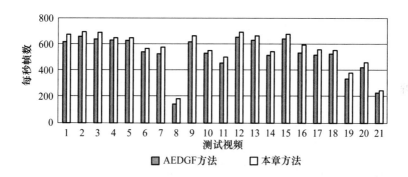

图 7-11 Avenue 数据集上本章方法和 AEDGF 方法每秒帧数的比较

本章方法在 Avenue 数据集上也和该领域的一些经典方法如 HMM(hidden Markov model,隐马尔可夫模型)[3]、HDP-HMM(hierarchical Dirichlet process-hidden Markov model,层次狄利克雷过程-隐马尔可夫模型)[4]、社会力模型[5]、词袋模型[6]等做了比较,如表 7-5 所示,可以看出本章方法的平均每秒帧数要比其他方法明显大很多,是其他方法的 24～54 倍,说明检测的速率很快,具有良好的实时性,可以实现对视频中异常事件的实时检测。此外,本章方法的查准率、查全率和 F1 值在几种方法中都是最大的,查全率比其他方法高 15.8%～35.1%,F1 值比其他方法高 7.5%～31.6%,说明本章方法的整体性能要明显优于其他方法。

表 7-5 Avenue 数据集上不同算法的平均每秒帧数、平均查准率、平均查全率和平均 F1 值

对比算法	平均每秒帧数	平均查准率	平均查全率	平均 F1 值
HMM	17.8	69.5%	72.1%	0.713
HDP-HMM	10.3	79.7%	82.1%	0.809
社会力模型	16.5	62.4%	70.4%	0.661
词袋模型	23.2	78.1%	76.3%	0.772
本章方法	558.54	80.1%	95.1%	0.870

图 7-12 展示了 Avenue 数据集上不同方法的 PR(查准率/查全率)曲线图,从图中可以看出,本章方法的 PR 曲线几乎完全包住了其他方法的 PR 曲线,在相同查全率的情况下,本章方法的查准率比其他方法都高,即本章方法在任何查全率下,都取得了更高的查准率,进一步表明本章方法的性能优于其他对比方法。

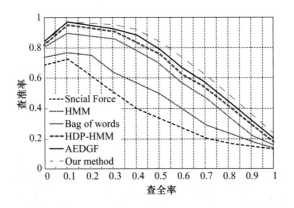

图 7-12　Avenue 数据集上不同方法的 PR 曲线图

7.3.5　UCSD Ped1 数据集的实验结果与分析

UCSD Ped1 数据集上本章方法和 AEDGF 方法的每秒帧数、查准率、查全率、F1 值的实验结果如表 7-6 所示。

表 7-6　UCSD Ped1 数据集上本章方法和 AEDGF 方法的每秒帧数、
查准率、查全率、F1 值的实验结果

测试视频	每秒帧数		查准率		查全率		F1 值	
	AEDGF 方法	本章方法	AEDGF 方法	本章方法	AEDGF 方法	本章方法	AEDGF 方法	本章方法
1	353	384	77.6%	76.5%	89.2%	97.8%	0.830	0.858
2	379	430	85.6%	84.9%	84.9%	93.7%	0.852	0.891
3	290	327	80.3%	82.2%	85.5%	96.4%	0.828	0.887
4	312	363	81.6%	80.0%	83.3%	95.7%	0.824	0.871
5	305	352	71.4%	70.3%	85.0%	96.6%	0.776	0.814
6	304	342	98.2%	97.3%	83.8%	95.3%	0.904	0.963
7	338	380	90.9%	90.4%	74.3%	85.7%	0.818	0.880
8	345	378	67.3%	68.0%	76.6%	88.3%	0.716	0.768
9	371	397	71.2%	70.1%	87.5%	97.9%	0.785	0.817

测试视频	每秒帧数		查准率		查全率		F1 值	
	AEDGF 方法	本章方法	AEDGF 方法	本章方法	AEDGF 方法	本章方法	AEDGF 方法	本章方法
10	383	424	89.7%	89.2%	75.0%	88.6%	0.817	0.889
11	413	463	74.4%	73.4%	69.8%	83.3%	0.720	0.780
12	350	393	71.6%	70.9%	74.6%	85.9%	0.731	0.777
13	353	378	96.0%	95.1%	91.7%	99.4%	0.938	0.972
14	353	391	100.0%	100.0%	85.5%	98.0%	0.922	0.990
15	512	563	93.9%	93.1%	73.0%	85.7%	0.821	0.892
16	475	525	67.5%	65.3%	69.2%	82.1%	0.683	0.727
17	405	427	70.0%	70.7%	74.5%	87.2%	0.722	0.781
18	344	373	77.2%	76.1%	91.0%	100.0%	0.835	0.864
19	454	488	70.9%	71.7%	74.7%	88.0%	0.728	0.790
20	554	577	88.5%	88.0%	76.3%	89.3%	0.819	0.886
21	500	527	89.1%	88.5%	71.9%	85.4%	0.796	0.869
22	490	530	97.4%	96.6%	80.4%	92.4%	0.881	0.945
23	522	549	99.2%	98.6%	81.6%	91.8%	0.895	0.951
24	394	429	87.4%	86.3%	85.2%	98.4%	0.863	0.920
25	506	558	94.2%	93.0%	84.4%	96.9%	0.890	0.949
26	492	521	87.0%	85.9%	88.2%	98.5%	0.876	0.918
27	417	444	87.0%	86.0%	88.5%	98.2%	0.877	0.917
28	553	600	80.7%	81.0%	69.8%	84.4%	0.749	0.827
29	548	589	97.2%	96.4%	83.3%	96.4%	0.897	0.964
30	573	611	83.3%	82.1%	76.9%	88.5%	0.800	0.852
31	401	441	89.4%	88.3%	88.9%	96.7%	0.891	0.923
32	415	459	77.6%	76.9%	87.4%	97.1%	0.822	0.858
33	410	448	82.4%	81.9%	87.0%	98.1%	0.846	0.893
34	485	534	69.8%	68.2%	74.4%	85.1%	0.720	0.757
35	479	516	71.3%	70.6%	75.7%	87.8%	0.734	0.783
36	477	519	71.4%	70.5%	85.1%	96.8%	0.777	0.816
平均值	423.750	461.944	83.0%	82.3%	80.9%	92.4%	0.816	0.868

从表 7-6 可以看出,在 UCSD Ped1 数据集上,和 AEDGF 方法相比,本章方法的平均每秒帧数提高了 9.0%,在一定程度上提高了异常事件检测的效率。另外,本章方法在保证查准率变化不大的同时大幅提高了查全率,平均查全率为 92.4%,比 AEDGF 方法提高了 14.2%,查全率的大幅提高对于视频异常事件检测来说是很重要的,说明能够检测

出更多的异常事件,因此这个指标是本章主要关注的点。本章方法的平均 F1 值也比 AEDGF 方法高 6.4%,表明本章方法的整体性能更优,能检测出绝大部分异常事件。

通过图 7-13、图 7-14 和图 7-15,可以直观地看出在 UCSD Ped1 数据集上,和 AEDGF 方法相比,本章方法的查全率、F1 值和每秒帧数均有所提升,表明本章方法的整体性能比 AEDGF 方法更优。

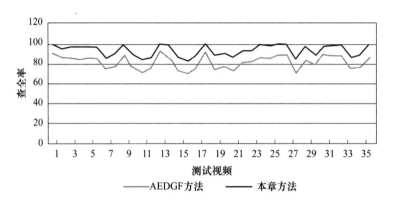

图 7-13　UCSD Ped1 数据集上本章方法和 AEDGF 方法查全率的比较

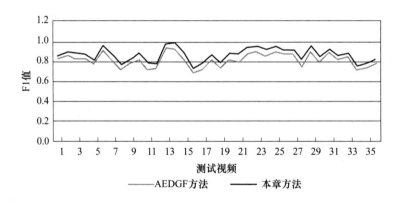

图 7-14　UCSD Ped1 数据集上本章方法和 AEDGF 方法 F1 值的比较

本章方法在 UCSD Ped1 数据集上也和该领域的一些经典方法如 HMM(hidden Markov model,隐马尔可夫模型)[3]、HDP-HMM(hierarchical Dirichlet process-hidden Markov model,层次狄利克雷过程-隐马尔可夫模型)[4]、社会力模型[5]、词袋模型[6]等作了比较。图 7-16 展示了 UCSD Ped1 数据集上不同方法的 PR(查准率/查全率)曲线图,从图中可以看出,本章方法的 PR 曲线几乎完全包住了其他方法的 PR 曲线,在相同的查全率下,本章方法的查准率比其他方法都高,即本章方法在任何查全率下,都取得了更高的查准率,进一步表明本章方法的性能优于其他对比方法。

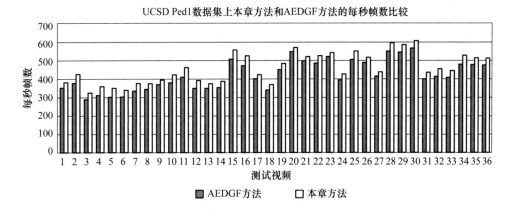

图 7-15 UCSD Ped1 数据集上本章方法和 AEDGF 方法的每秒帧数比较

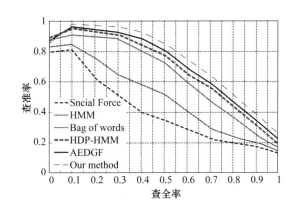

图 7-16 UCSD Ped1 数据集上不同方法的 PR 曲线图

本 章 小 结

　　本章提出了一种基于稀疏组合学习的视频异常事件检测算法,给出了该算法的框架,详细介绍了基于稀疏组合学习的视频异常事件检测算法的实现,包括基于稀疏组合学习的异常事件检测主要思想以及训练过程和测试过程,结合提取的视频显著性时空特征,构建了基于稀疏组合学习的视频异常事件检测模型,解决了现有基于稀疏表示的异常事件检测方法在检测阶段要花费很长时间的问题,并给出了基于稀疏组合学习的视频异常事件检测算法的实验结果与分析。实验结果表明所提方法在复杂运动场景下具有较好的鲁棒性和时效性,可以适用于实际应用中的实时异常事件检测。在 Avenue 标准数据集、UCSD Ped1 数据集、ScenicSpot 景区数据集上的查全率分别提高到了 95.1%、92.4% 和 95.9%，F1 值分别提高到了 0.870、0.868 和 0.880，每秒帧数分别提高到了 558.524、461.944 和 402.556。

参 考 文 献

[1] GENG Y, DU J P, LIANG M Y. Abnormal event detection in tourism video based on salient spatio-temporal features and sparse combination learning[J]. World Wide Web, 2018.

[2] LU C, SHI J, JIA J. Abnormal event detection at 150 fps in matlab[C]. Proceedings of the IEEE International Conference on Computer Vision (ICCV), 2013.

[3] ZHANG D, GATICAPEREZ D, BENGIO S, et al. Semi-supervised adapted HMMs for unusual event detection[C]. Proceedings of the IEEE Computer Society Conference on Computer Vision and Pattern Recognition (CVPR), 2005: 611-618.

[4] HU D H, ZHANG X X, YIN J, et al. Abnormal activity recognition based on HDP-HMM models[C]. Proceedings of the 21st International Joint Conference on Artificial Intelligence (IJCAI), Pasadena, California, USA, 2009: 1715-1720.

[5] MEHRAN R, OYAMA A, SHAH M. Abnormal crowd behavior detection using social force model[C]. Proceedings of the IEEE Computer Society Conference on Computer Vision and Pattern Recognition (CVPR), Miami, FL, USA, 2009: 935-942.

[6] CUI X, LIU Q, GAO M, et al. Abnormal detection using interaction energy potentials[C]. Proceedings of the 24th IEEE Conference on Computer Vision and Pattern Recognition (CVPR), Providence, RI, USA, 2011: 3161-3167.

第 8 章
基于时空感知深度网络的视频异常事件识别

针对现有异常事件识别方法大多只在空间域上学习视频特征,丢失了输入视频的时间信息的问题,本章提出一种基于时空感知深度网络的视频异常事件识别算法,将时空深度卷积神经网络和时空金字塔池化相结合,在时间和空间域上学习视频中的高层语义特征,构建基于时空感知深度网络的视频异常事件识别模型,解决了现有基于深度学习的异常事件识别方法不能很好地建模时间信号,以及深度网络对输入视频大小和长度的限制的问题,显著提高视频异常事件识别的准确率。

8.1　基于时空感知深度网络的视频异常事件
识别的算法框架

基于时空感知深度网络的视频异常事件识别算法框架如图 8-1 所示。利用时空感知深度网络在时间和空间域上学习视频中的高层语义特征,同时建模空间和时间信息,这种基于深度学习的网络可以自动从视频数据中学习特征,而不需要人工设计和提取特征,并且允许任意大小和长度的视频输入。通过这种方式获得的深度特征蕴含高层的语义信息,更适合用于人体行为理解、异常事件识别。在此基础上,利用 Softmax 分类器建立视频异常事件识别模型,实现视频中的异常事件识别,区分异常事件的类型,如拥堵、人群慌乱、暴力冲突等。

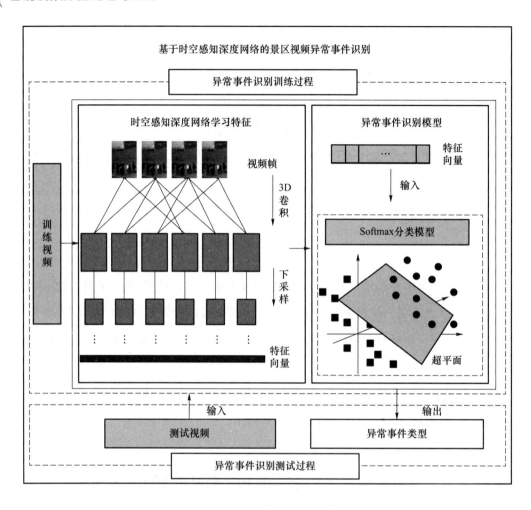

图 8-1　基于时空感知深度网络的视频异常事件识别算法框架图

8.2　基于时空感知深度网络的视频异常事件识别的算法实现

8.2.1　时空感知深度网络

二维卷积神经网络仅使用 2D 卷积和 2D 池化操作,不能在网络中传播时间信号,因此丢失了输入视频的时间信息。和二维卷积神经网络相比,时空深度卷积神经网络(3D

CNN,简称为 C3D)可以在时间和空间域上学习视频中的高层语义特征,同时建模空间和时间信息[1]。然而 C3D 需要固定大小和长度的输入视频,在一定程度上降低了视频分析的质量,影响了视频异常事件识别的准确率。因此本章将 C3D 和时空金字塔池化(Spatial-Temporal Pyramid Pooling,简称为 STPP)相结合,采用 C3D+STPP 的网络结构,并将该网络称为时空感知深度网络。

时空感知深度网络的结构如图 8-2 所示,有 8 个卷积层,4 个池化层,1 个 STPP 层,2 个全连接层和一个 Softmax 输出层。所有 3D 卷积核大小都是 $3\times3\times3$ 的,在空间和时间维度上步长都是 1。3D 池化层由 Pool1~Pool4 表示,所有池化核均为 $2\times2\times2$,步长均为 $2\times2\times2$,而 Pool1 例外,其内核大小为 $1\times2\times2$,步长为 $1\times2\times2$,目的是在早期保留时间信息。最后一个卷积层后面是一个 STPP 层。每个全连接层具有 4 096 个输出单元。

图 8-2 时空感知深度网络的结构

8.2.2 时空金字塔池化

全连接层需要固定长度的输入,但是 3D 卷积层具有可变大小的输出。为了可以输入任意大小和长度的视频,不降低视频的质量,提高视频异常事件识别的准确率,在最后一个卷积层之后加入一个时空金字塔池化(STPP)层,以生成固定大小的特征向量而不固定输入视频的大小和长度。时空金字塔池化(STPP)层的流程图如图 8-3 所示。

输入视频到时空感知深度网络中,经过一系列卷积池化操作,将最后一个卷积层(Conv5b)输出的特征 map 送入时空金字塔池化(STPP)层,STPP 层会对 Conv5b 输出的任意大小的特征 map 进行多尺度的特征提取,转换成固定大小的特征向量,然后送入全连接层。

将 P(Pt,Ps)表示为时空池化水平,其中 Pt 是时间池化水平,Ps 是空间池化水平。当 Ps=4,2,1 且 Pt=1 时,每个视频剪辑生成固定长度的视频剪辑描述符,即将 STPP 层做三个不同尺度的划分,将 Conv5b 输出的特征 map 分别映射为 $1\times1\times1,1\times2\times2$ 和 $1\times4\times4$ 的,最终构成一个 21 维(1+4+16=21)的固定大小的特征向量。

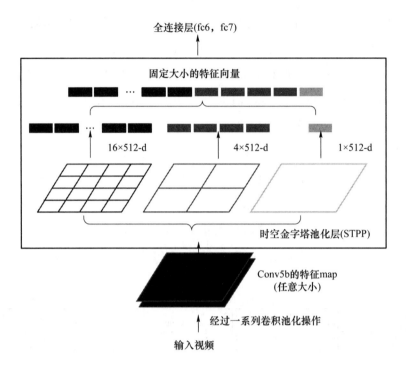

图 8-3　时空金字塔池化(STPP)层的流程图

具体的特征映射过程如下:假设 Conv5b 输出的特征 map 大小为 $D\times H\times W$,D 为深度,H 为高度,W 为宽度,在三个不同的尺度上动态地计算在 STPP 层中的滑动窗口的大小,分别为 $D\times H\times W$,$D\times (H/2)\times (W/2)$ 和 $D\times (H/4)\times (W/4)$。也就是说,对于 Conv5b 输出的 $D\times H\times W$ 的特征 map,利用三种不同的尺度($1\times 1\times 1$,$1\times 2\times 2$ 和 $1\times 4\times 4$)对它进行划分,可以得到 $1+4+16=21$ 个时空块,在 $1\times 1\times 1$ 的尺度上是 1 个时空块,块的大小为 $D\times H\times W$,在 $1\times 2\times 2$ 的尺度上是 4 个时空块,每个块的大小为 $D\times (H/2)\times (W/2)$,在 $1\times 4\times 4$ 的尺度上是 16 个时空块,每个块的大小为 $D\times (H/4)\times (W/4)$。在 21 个时空块中,分别计算每个时空块的最大值,从而得到一个输出神经元,最后成功实现将卷积层输出的任意大小的特征 map 转换成一个固定大小的 21 维特征向量。

8.2.3　基于时空感知深度网络的异常事件识别

基于时空感知深度网络的视频异常事件识别分为异常事件识别训练过程和异常事件识别测试过程。在异常事件识别训练过程中,将输入视频划分为若干个 16 帧的视频剪辑,相邻视频剪辑间设置了 8 帧的重叠,目的是为了更好地保持视频帧间的时空相关性。将视频剪辑的每帧大小调整为 128×171,并进行均值化处理。训练的 batch_size 大小为 20,学习率为 0.000 1,步长和最大迭代次数均为 7 000。利用时空感知深度网络在时间和空间域上对视频图像序列进行 3D 卷积和下采样操作,最终得到蕴含高层语义信息的特征向量。在此基础上,利用 Softmax 分类器建立视频异常事件识别模型,实现视频中的异常事件识别,区分异常事件的类型。在异常事件识别测试过程,首先利用时空感知深度网络学习测试视频的高层语义特征,然后将特征向量输入建立好的异常事件识别模型中,最终输出异常事件的类型。

8.3　实验结果与分析

8.3.1　数据集

本章在 Avenue 标准数据集和旅游景区数据集上测试了基于时空感知深度网络的视频异常事件识别方法的性能。

Avenue 数据集包含四个类别的异常事件:逗留(linger)、快速奔跑(run)、扔东西(throw)和错误方向行走(wrong direction),总共 49 个视频,划分为 382 个视频剪辑,共 3 448 帧。其中:linger 类别总共 10 个视频,划分为 127 个视频剪辑,共 1 096 帧;run 类别总共 14 个视频,划分为 69 个视频剪辑,共 664 帧;throw 类别总共 18 个视频,划分为 80 个视频剪辑,共 784 帧;wrong direction 类别总共 7 个视频,划分为 106 个视频剪辑,共 904 帧。每类视频按照 4∶1 的比例随机划分训练集和测试集,其中训练集 286 个视频剪辑,测试集 96 个视频剪辑。

旅游景区数据集包含三个类别的异常事件:拥堵、人群慌乱和暴力冲突,总共 76 个视频,划分为 1 579 个视频剪辑,共 13 240 帧。其中:拥堵类别总共 30 个视频,划分为 603 个视频剪辑,共 5 064 帧;人群慌乱类别总共 24 个视频,划分为 575 个视频剪辑,共 4 792 帧;暴力冲突类别总共 22 个视频,划分为 401 个视频剪辑,共 3 384 帧。每类视频按照 4∶1 的比例随机划分训练集和测试集,其中训练集包含 1 254 个视频剪辑,测试集包含 325 个视频剪辑。

8.3.2 评价指标

本章采用查全率、查准率、F1 值、准确率等客观评价指标对异常事件识别的算法性能进行定量客观评价。假设异常事件识别后的统计结果如表 8-1 所示。

表 8-1　异常事件识别统计结果

实际类别	预测类别		
	第一类	第二类	第三类
第一类	a	b	c
第二类	d	e	f
第三类	g	h	i

表 8-1 中每一列表示异常事件识别的预测类别,每列之和代表预测为该类别的样本数目,每一行表示样本的实际类别,每行之和表示该类别的样本数目。例如,表中实际类别第一类($a+b+c$)个样本中有 a 个识别正确,有 b 个将第一类错误识别为第二类,有 c 个将第一类错误识别为第三类。

由此可计算得到异常事件识别的查准率、查全率、准确率(accuracy),由查准率和查全率可进一步计算得到 F1 值,分别如式(8-1)—式(8-4)所示(以第一类的计算为例,其他类同理)。

$$\text{precision} = \frac{a}{a+d+g} \tag{8-1}$$

$$\text{recall} = \frac{a}{a+b+c} \tag{8-2}$$

$$\text{F1} = \frac{2 \times \text{precision} \times \text{recall}}{\text{precision} + \text{recall}} \tag{8-3}$$

$$\text{accuracy} = \frac{a+e+i}{a+b+c+d+e+f+g+h+i} \tag{8-4}$$

8.3.3 旅游景区数据集的实验结果与分析

本章在旅游景区数据集上将基于时空感知深度网络的视频异常事件识别方法(简称为 C3D+STPP 方法)和 3D CNN 方法(简称为 C3D)进行了对比,旅游景区数据集上

C3D 和 C3D＋STPP 方法的查准率、查全率、F1 值、准确率的实验结果如表 8-2 所示。

表 8-2　旅游景区数据集上 C3D 和 C3D＋STPP 方法的查准率、查全率、F1 值、准确率的实验结果

异常事件类别	查准率		查全率		F1 值		准确率	
	C3D	C3D＋STPP	C3D	C3D＋STPP	C3D	C3D＋STPP	C3D	C3D＋STPP
拥堵	86.9%	100.0%	83.7%	99.3%	85.3%	99.6%		
人群慌乱	85.1%	85.0%	53.6%	100.0%	65.8%	91.9%	79.2%	97.7%
暴力冲突	65.7%	100.0%	89.2%	92.9%	75.7%	96.3%		

从表 8-2 可以看出，在旅游景区数据集上，本章方法的准确率能够达到 97.7%，比 C3D 方法提高了 23.4%，说明该方法在一定程度上可以做到对异常事件类型的精准识别。另外，本章方法大幅提高了拥堵、暴力冲突两种异常事件类型的查准率，和 C3D 方法相比分别提高了 15.1% 和 52.2%。本章方法在三类异常事件上的查全率比 C3D 方法分别提高了 18.6%、86.6% 和 4.1%，F1 值分别提高了 16.8%、39.7% 和 27.2%，查全率和 F1 值均在 90% 以上，表明本章方法的整体性能更优，能识别出绝大部分的异常事件。除此之外，从表 8-2 中可以进一步看出，C3D 方法在暴力冲突事件上的查准率为 65.7%，较其他两种事件的查准率明显偏低，且在人群慌乱事件上的查全率仅为 53.6%，同样明显低于其他两种事件的查全率，说明 C3D 方法将很大一部分的人群慌乱事件错误识别为了暴力冲突事件，而本章所提的方法则可以很好地区分这三类异常事件，进一步表明本章方法的整体性能更优。

通过图 8-4、图 8-5 和图 8-6，可以直观地看出在旅游景区数据集上，和 C3D 方法相比，本章方法在三类异常事件上的查准率、查全率和 F1 值均有所提升，表明本章方法的整体性能比 C3D 方法更优，能识别出绝大部分异常事件。

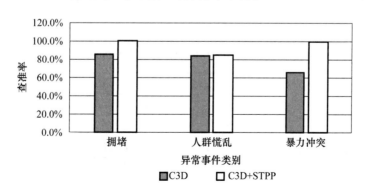

图 8-4　旅游景区数据集上 C3D 和 C3D＋STPP 方法查准率的比较

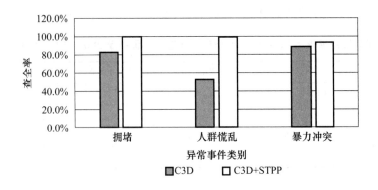

图 8-5　旅游景区数据集上 C3D 和 C3D＋STPP 方法查全率的比较

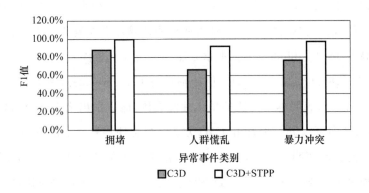

图 8-6　旅游景区数据集上 C3D 和 C3D＋STPP 方法 F1 值的比较

8.3.4　Avenue 数据集的实验结果与分析

Avenue 数据集上 C3D 和 C3D＋STPP 方法的查准率、查全率、F1 值、准确率的实验结果如表 8-3 所示。

表 8-3　Avenue 数据集上 C3D 和 C3D＋STPP 方法的查准率、查全率、F1 值、准确率

异常事件 类别	查准率		查全率		F1 值		准确率	
	C3D	C3D＋STPP	C3D	C3D＋STPP	C3D	C3D＋STPP	C3D	C3D＋STPP
linger(逗留)	48.6%	93.4%	89.0%	89.6%	62.9%	91.5%	61.7%	93.3%
run(快速奔跑)	71.4%	83.0%	86.8%	100.0%	78.4%	90.7%		
throw(扔东西)	100.0%	100.0%	87.4%	100.0%	93.3%	100.0%		
wrong direction （错误方向行走）	30.0%	95.9%	2.5%	90.2%	4.6%	93.0%		

从表8-3可以看出,在 Avenue 数据集上,本章方法的准确率能够达到93.3%,比C3D 方法提高了51.2%,说明所提方法在一定程度上可以做到对异常事件类型的精准识别。另外,和 C3D 方法相比,本章方法大幅提高了逗留、错误方向行走两类异常事件的查准率,分别由48.6%和30.0%提高到了93.4%和95.9%。快速奔跑、扔东西两类异常事件的查全率分别提高了15.2%和14.4%,错误方向行走事件的查全率更是由2.5%提高到了90.2%。逗留、快速奔跑、扔东西三类异常事件的 F1 值分别提高了45.5%、15.7%和7.2%,错误方向行走事件的 F1 值更是由4.6%提高到了93.0%,表明本章方法的异常事件识别性能相较于 C3D 方法有了显著的提升,整体性能更优,能识别出绝大部分的异常事件。除此之外,从表中可以进一步看出,C3D 方法在逗留和错误方向行走事件上的查准率分别为48.6%和30.0%,相较于其他两类事件的查准率明显偏低,且在错误方向行走事件上的查全率仅为2.5%,同样明显低于其他三类事件的查全率,说明 C3D 方法将绝大部分错误方向行走事件错误识别为了逗留事件,而本章所提方法则可以很好地区分这四类异常事件,进一步表明本章方法的整体性能更优。

通过图8-7、图8-8和图8-9,可以直观地看出在 Avenue 数据集上,和 C3D 方法相比,本章方法在四类异常事件上的查准率、查全率和 F1 值均有所提升,表明本章方法的整体性能比 C3D 方法更优,能识别出绝大部分的异常事件。

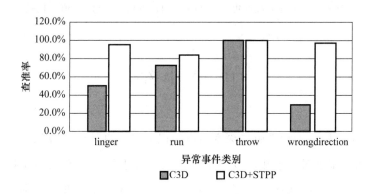

图8-7 Avenue 数据集上 C3D 和 C3D+STPP 方法查准率的比较

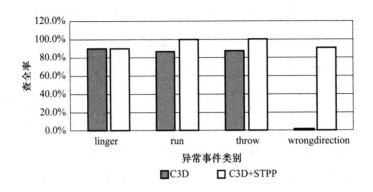

图 8-8　Avenue 数据集上 C3D 和 C3D＋STPP 方法查全率的比较

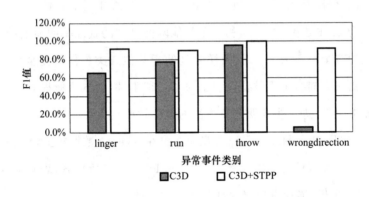

图 8-9　Avenue 数据集上 C3D 和 C3D＋STPP 方法 F1 值的比较

本 章 小 结

　　本章提出了一种基于时空感知深度网络的视频异常事件识别算法,给出了该算法的框架,详细介绍了基于时空感知深度网络的视频异常事件识别算法的实现,包括时空感知深度网络、时空金字塔池化和基于时空感知深度网络的异常事件识别;将时空深度卷积神经网络和时空金字塔池化相结合,在时间和空间域上学习视频中的高层语义特征,建立了基于时空感知深度网络的视频异常事件识别模型,解决了现有基于深度学习的异常事件识别方法不能很好地建模时间信号,以及深度网络对输入视频大小和长度的限制问题,并给出了基于时空感知深度网络的视频异常事件识别算法的实验结果与分析。实验结果表明所提的方法显著提高了视频异常事件识别的准确率,在 Avenue 数据集和旅游景区数据集上的准确率分别提高到了 93.3％和 97.7％。

参 考 文 献

JI S，XU W，YANG M，et al. 3D convolutional neural networks for human action recognition[J]. IEEE Transactions on Pattern Analysis and Machine Intelligence，2013，35(1)：221-231.

第 9 章
视频数据去噪和超分辨率重建系统

9.1 引 言

综合本书提出的相关研究成果,我们设计并实现了视频数据去噪和超分辨率重建系统(VSRS),从而更加方便地对提出的算法进行验证和综合评价。系统中集成了提出的基于残差卷积神经网络的视频去噪算法、基于半耦合字典学习和时空非局部相似性的视频超分辨率重建算法以及基于深度学习和时空特征相似性的视频超分辨率重建算法。该系统可实现因光学或运动模糊、下采样、光照亮度变化以及噪声干扰等而降质的不同时空尺度的视频序列的噪声滤除、视觉分辨率质量的提升以及运动目标细节清晰度的提升,从而可提供视觉质量更高的监控视频。

9.2 系统总体设计

综合提出的相关算法,我们设计并实现了视频数据去噪和超分辨率重建系统,对提出的视频超分辨率重建算法的准确性、有效性和时间效率进行综合评价和分析。本系统的总体架构如图 9-1 所示。框架结构主要分为三个逻辑层次:数据存储层、逻辑层和用户层。其中逻辑层是本系统的核心部分,主要包括视频预处理、视频超分辨率重建、性能评价等功能模块,各模块独立封装成组件,可以独立变化扩展。本系统是在 Matlab 和 Microsoft Visual Studio ＋OpenCV 平台下开发完成的,使用的语言主要是 Matlab 语言

和 C＋＋语言,使用的库主要有目前流行的 cuda-convnet 包、OpenCV 视觉库、VFeat-
0.9.16 视觉库和 SPAMS 稀疏编码库等开源视觉库。

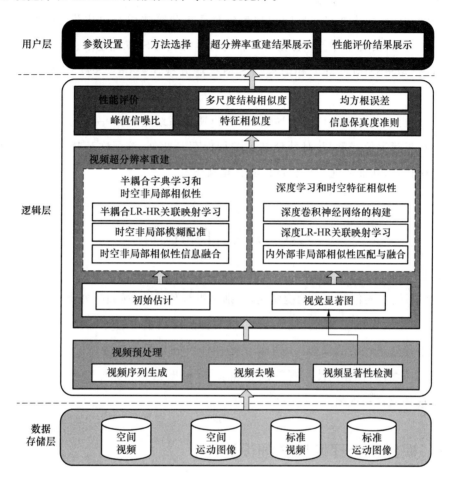

图 9-1　视频超分辨率重建系统(VSRS)总体架构

数据存储层:负责存储系统中超分辨率重建处理的数据对象。提供系统采集的视频
大数据、预训练模型的存储,相关文件存放在 Data 文件夹下。预训练模型包括训练得到
的神经网络以及稀疏字典等模型,为逻辑层提供。

逻辑层:整个系统的核心部分,实现对数据存储层中视频数据的去噪和超分辨率重
建处理。该层包含如下几个功能模块:视频预处理模块、视频超分辨率重建模块以及性
能评价模块。其中视频预处理模块主要实现了视频序列的生成、视频去噪、视觉显著性
检测以及为了对算法性能进行验证和定量客观评价,对原始视频所做的降质处理。视频
超分辨率重建模块包括基于半耦合字典学习和时空非局部相似性的视频超分辨率重建
以及基于深度学习和时空特征相似性的视频超分辨率重建两个子模块,在每个子模块还

实现了初始高分辨率估计的功能,同时在每个子模块还分别集成了目前主流的其他几种对比算法,用于跟提出的算法进行对比分析和评价。性能评价模块从主观视觉效果和定量客观评价指标两个方面对提出的视频超分辨率重建算法以及对比算法进行综合评价和对比分析,采用的客观评价指标主要包括峰值信噪比(PSNR)、基于视觉感知的多尺度结构相似度(MS-SSIM)、特征相似度(FSIM)、均方根误差(RMSE)、信息保真度准则(IFC)等。

用户层:提供友好的用户接口界面,为用户展现系统超分辨率重建后视频的视觉效果及其客观指标评价结果,并对处理结果进行保存。此外,该层次还提供相关参数设置和方法选择接口,从而实现用户和系统的交互操作。

9.3　系统详细设计

VSRS 系统主要包括三个功能模块,分别是视频预处理、视频超分辨率重建和性能评价模块,这三个模块相互独立。此外,本系统对算法评估接口进行封装,作为视频去噪和超分辨率重建效果评价的依据。由于算法指标评价分为图像质量评价和参考评价两种,为了生成参考图像,推荐先使用视频预处理模块,根据已有的高分辨率视频生成对应的低分辨率视频或含噪视频。

9.3.1　视频预处理模块详细设计

视频预处理是在视频超分辨率重建前所做的一些前期处理工作,主要实现的功能包括视频序列的生成、视频去噪、视觉显著性检测等。为了方便对提出的算法进行验证和评价,该模块的功能还包括对原始视频的降质处理,其中原始视频帧作为真值,用于与重建后的视频帧进行对比。视频序列的生成主要是将视频拆分成视频序列,以便对视频帧间的时空关系进行分析以及对各个视频帧进行超分辨率重建处理。视频去噪是本系统的主要功能之一,用户交互界面调用逻辑封装在 MainDN. m 中。该模块封装了提出的基于残差卷积神经网络的视频去噪算法(ResDN)的调用接口,也提供了其他去噪算法供用户选择,包括经典去噪算法——三维块匹配去噪算法(BM3D)以及非局部均值(NLM)去噪算法和一些较新的稀疏去噪算法,如 NCSR、SSC_GSM 和 BRFOE。用户可以根据需要选择想要的去噪算法。同时,指标评估接口实时对处理效果进行评估,其所采用的评价指标为平均梯度。

由于 OpenCV 可以获得较 Matlab 更快的运行速度,提出的 ResDN 算法由 OpenCV 和 Matlab 混合编程实现,算法调用接口为 ResDN_DENISING 函数,类似的 BM3D、NCSR、SSC_GSM 以及 BRFOE 算法的调用接口分别为 CBM3D、NCSR_DENOISING、SSC_GSM_DENOISING、MINIMIZEDENOISE 函数。NLM 算法则通过调用编译得到的动态链接库 NLMeanC.dll 实现,提高整个系统的实时性。由于用户交互接口主要为算法的选择以及对应参数的设置,因此各个去噪算法之间相对独立。

9.3.2　视频超分辨率重建模块详细设计

视频超分辨率重建模块是系统另一个核心功能模块,主要交互逻辑由 MainSR.m 实现。该模块对第 4 章所提的基于半耦合字典学习和时空非局部相似性的视频超分辨率重建算法(CNLSR)和第 5 章所提的基于深度学习和时空特征自相似性的视频超分辨率重建算法(DLSS-VSR)进行封装。此外,本系统还集成了一些较新颖的超分辨率算法如 SRCNN、ScSR、DPSR 以及 ANRSR。

类似于 ResDN,CNLSR 和 DLSS-VSR 算法也由 Matlab 和 OpenCV 交叉编译实现,其主要程序接口为 CNL_SR 以及 DLSS_SR 函数。此外,SRCNN、ScSR、DPSR 以及 ANRSR 的接口函数分别为 SRCNN、L1SR、SR_deformGPU 和 go_run_Set14 函数。其所用神经网络模型或稀疏字典模型都存于数据存储区 Data 文件夹下。用户可以通过下拉菜单进行算法选择和运行。这些算法之间彼此独立,互不干扰,对于运行的结果,用户可单击保存按钮进行保存。

9.3.3　性能评价模块详细设计

本系统在菜单栏提供了一个性能评价模块作为所提算法的评价标准,主界面文件为 Eval.m。不同于其他三个独立模块,性能评价模块也可以作为一个接口在视频去噪和视频超分辨率重建模块中调用,直接对去噪和重建结果进行评价。该接口提供的评价方式分为两种:一种是单帧评价,针对去噪或重建结果的质量进行评价,评价指标有边缘能量和平均梯度;另一种方法是参考评价,以参考视频为标准,根据去噪或重建结果和参考视频的相似程度进行重建性能评价,如峰值信噪比(PSNR)、结构相似度(SSIM)、均方根误差(RMSE)、信息保真度准则(IFC)、特征相似度(FSIM)等评价指标。这个模块的算法流程如图 9-2 所示,通过调用 metrix_mux 工具箱提供的接口来实现。

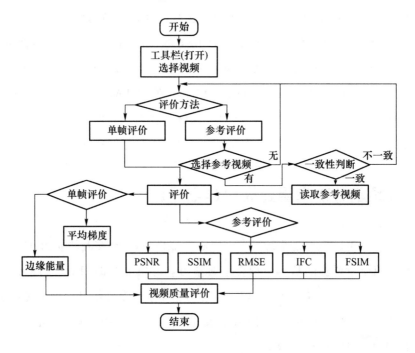

图 9-2　性能评价流程图

9.4　系统主要功能模块的实现

9.4.1　视频预处理模块的实现

视频预处理模块主要实现视频序列的生成、视频去噪、视觉显著性检测等。视频去噪的主要功能是排除视频中的噪声干扰对超分辨率重建过程的影响。视频的视觉显著性检测功能是实现视频中显著性目标区域的检测和提取,以便后续重点针对人眼所重点关注的运动目标区域实现精细的超分辨率重建处理,提升视频超分辨率算法的视觉感知能力,优化算法的整体性能和效率。视频去噪的主要功能是排除视频中的噪声干扰对超分辨率重建过程的影响。图 9-3 为利用视频预处理模块对视频进行去噪处理。图 9-4 为利用视频预处理模块对视频进行视觉显著性检测的结果,展示出了视觉显著图和显著性目标区域。

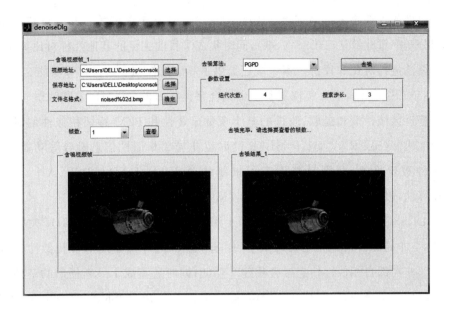

图 9-3　视频去噪功能实现界面

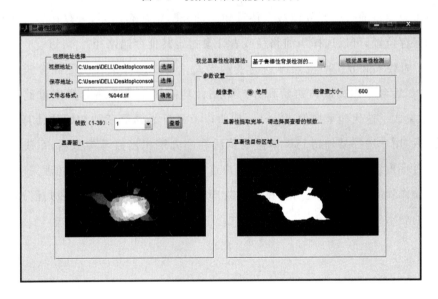

图 9-4　视觉显著性检测功能实现界面

9.4.2　视频超分辨率重建模块的实现

视频超分辨率重建目的是实现不同时空尺度的视频序列的视觉分辨率质量的提升，丰富其细节信息量。该模块主要实现了初始高分辨率估计、基于半耦合字典学习和时空非局部相似性的视频超分辨率重建算法(CNLSR)以及基于深度学习和时空特征相似性的视频超分辨率重建算法(DLSS-VSR),同时集成了目前主流的其他几种对比算法,用于与提出的算法进行对比和评价。本系统还提供了算法选择和参数设置等功能。

对于 CNLSR 算法,主要实现了基于半耦合字典学习的 LR-HR 关联映射学习、视频中视觉显著性区域检测和提取、改进的基于视觉显著性和 PZM 特征相似性的时空非局部模糊配准机制(SBFR)以及基于 SBFR 的时空非局部相似性信息融合等功能;同时还集成了 8 种对比算法,分别是基于学习机制的 ANRSR、ScSR、DPSR、A+、SCDL 和 CNN-SR 算法,以及基于多帧的 NL-SR 和 ZM-SR 算法。

对于 DLSS-VSR 算法,主要实现了基于深度卷积神经网络的 LR-HR 关联映射学习、内部时空非局部自相似性先验约束学习、基于块群的外部非局部自相似性先验学习以及内外部非局部自相似性信息融合重建等功能;同时还集成了最新提出的 7 种有代表性的优秀超分辨率算法,分别是基于学习的 ScSR、ANRSR、DPSR、CNN-SR 和 CSCN 算法,基于 3D 非局部均值滤波的 NL-SR 算法以及基于 Zernike 矩特征的 ZM-SR 算法。

用户可以通过前台交互界面载入待重建的低分辨率视频序列,可以在界面中设定处理结果的保存位置,可以选择当前路径或者任意指定其他存储路径。

图 9-5 为载入低分辨率视频序列的展示界面。用户选择某种初始高分辨率估计算法,由系统在后台操作完成。初始高分辨率估计功能用于获取超分辨率重建的初始估计,本系统集成了迭代曲率插值、Bicubic 插值以及最近邻插值三种初始估计算法供用户选择。最后,用户选择某种超分辨率重建算法和超分辨率倍数等参数后,系统会在后台完成超分辨率重建处理并将结果存储至用户选择的保存路径。待系统处理完毕,用户可以在前台操作界面查看视频超分辨率重建处理的视觉效果。图 9-6 为视频超分辨率重建视觉效果的展示界面。

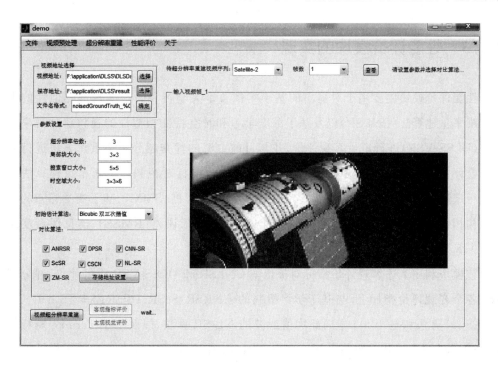

图 9-5　载入低分辨率视频序列展示界面

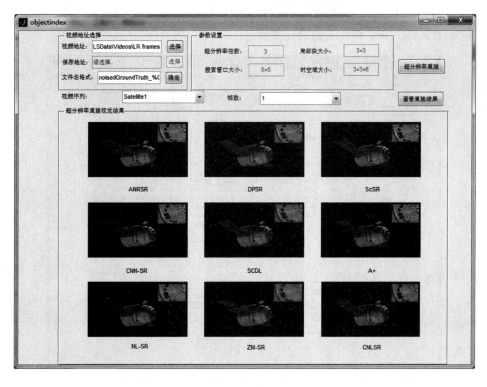

图 9-6　视频超分辨率重建视觉效果展示界面

9.4.3 性能评价模块的实现

性能评价模块主要用于对提出的基于半耦合字典学习和时空非局部相似性的视频超分辨率重建算法(CNLSR)以及基于深度学习和时空特征相似性的视频超分辨率重建算法(DLSS-VSR)进行定量客观评价,并与目前主流的优秀超分辨率重建方法进行对比和综合评价。性能评价模块采用如下几种客观评价指标对视频超分辨率重建算法的性能进行定量评价,分别是峰值信噪比(PSNR)、结构相似度(SSIM)、基于视觉感知的多尺度结构相似度(MS-SSIM)、特征相似度(FSIM)、均方根误差(RMSE)、信息保真度准则(IFC)等。

该模块利用上述客观评价指标对提出的 CNLSR 和 DLSS-VSR 进行评价,并分别从上述各个客观评价指标上,与基于学习机制的 ANRSR、ScSR、DPSR、A+、SCDL、CNN-SR、CSCN 算法和基于 3D 非局部均值滤波的 NL-SR 算法,以及基于 Zernike 矩特征的 ZM-SR 算法进行对比和分析。图 9-7 为 CNLSR 算法与对比算法在 PSNR 指标上的对比界面。图 9-8 为 CNLSR 算法与对比算法在 RMSE 指标上的对比界面。图 9-9 为 DLSS-VSR 算法与对比算法的平均 MS-SSIM 指标值对比界面。图 9-10 为 DLSS-VSR 算法与对比算法在 IFC 指标上的对比界面。

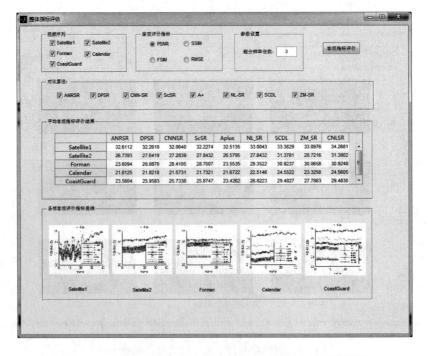

图 9-7 CNLSR 算法与对比算法在 PSNR 指标上的对比界面

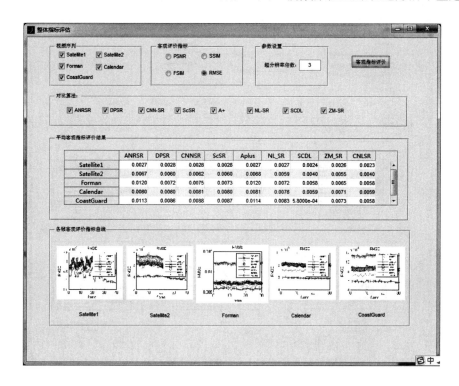

图 9-8 CNLSR 算法与对比算法在 RMSE 指标上的对比界面

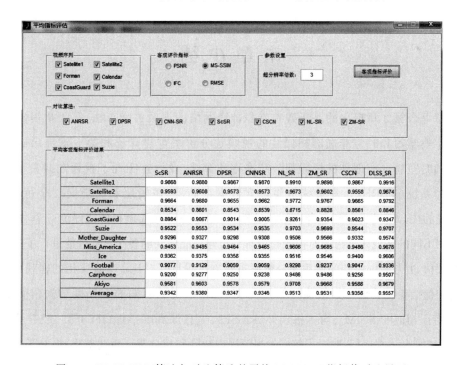

图 9-9 DLSS-VSR 算法与对比算法的平均 MS-SSIM 指标值对比界面

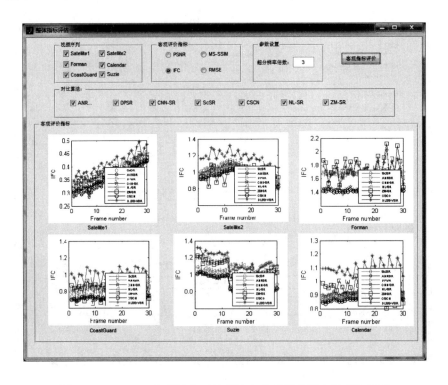

图 9-10　DLSS-VSR 算法与对比算法在 IFC 指标值上的对比界面

本 章 小 结

　　本章综合第 3 章提出的基于残差卷积神经网络的视频去噪算法、第 4 章提出的基于半耦合字典学习和时空非局部相似性的视频超分辨率重建算法和第 5 章提出的基于深度学习和时空特征相似性的视频超分辨率重建算法，设计并实现了视频数据去噪和超分辨率重建系统（VSRS）。该系统主要包含数据存储层、逻辑层和用户层三个逻辑层次。其中系统的核心逻辑层主要包含视频预处理、视频超分辨率重建和性能评价三个功能模块。本章采用不同的客观评价指标对视频超分辨率重建功能模块的各个算法性能进行了多方位的分析与评价，并与目前主流的优秀超分辨率重建方法进行了对比。本章采用的客观评价指标主要有峰值信噪比（PSNR）、结构相似度（SSIM）、基于视觉感知的多尺度结构相似度（MS-SSIM）、特征相似度（FSIM）、均方根误差（RMSE）、信息保真度指标（IFC）等。经过验证发现VSRS 系统平台正常运行，取得了较好的视频噪声滤除和超分辨率重建效果，提升了视频的视觉分辨率质量和细节清晰度，有效地验证了本章所提算法研究成果。

第 10 章

旅游景区视频异常事件检测与识别系统

本章介绍了提出的相关模型和算法在智慧旅游领域的应用,设计并实现了旅游景区视频异常事件检测与识别系统,给出了系统需求分析、系统总体设计以及系统功能模块的详细设计,并介绍了系统的实现与测试,系统测试结果表明该系统可以实现游客群体异常行为的自动检测和识别,及时发现和自动监测旅游突发事件,保障旅游安全。

10.1 系统需求分析

本章设计并开发了一个旅游景区视频异常事件检测与识别系统,实现了游客群体异常行为的自动检测和识别,及时发现和监测旅游突发事件。旅游景区视频异常事件检测与识别系统的主要功能有三个,分别是视频特征提取、异常事件检测和异常事件识别。

(1) 视频特征提取

现有事件表示方法没有充分考虑视频的帧间时空相关性,在复杂的场景下,特别是在拥挤的场景中,由于人群之间存在严重的遮挡,难以用传统的方法提取人的行为特征来表示人群的运动模式,因此如何提取能够适用于复杂场景的时空鲁棒性目标行为特征,实现旅游景区视频中游客行为的特征描述是需要解决的关键问题。由此,旅游景区视频异常事件检测与识别系统的视频特征提取功能的实现采用本书第 6 章提出的显著性时空特征提取方法,将基于高斯混合模型的视频前景目标提取算法和时空梯度模型相结合,在输入视频前景目标的时空块上提取显著性时空特征。

因此,旅游景区视频异常事件检测与识别系统的视频特征提取功能要能够对旅游景区视频进行背景建模和前景检测,提取出前景目标,实时展示视频前景检测的结果,并将检测出的视频前景目标保存到用户指定的位置,在此基础上提取旅游景区视频的显著性时空特征,并对特征进行降维处理。

(2) 异常事件检测

现有稀疏表示这类基于重构的异常事件检测方法在测试阶段要花费很长时间,在复杂运动场景(如背景混杂、目标间相互遮挡等)下鲁棒性和时效性不高,无法适用于实际应用中的实时异常事件检测,因此如何建立具有较好鲁棒性的异常事件检测模型,提升异常事件的检测效率是需要解决的关键问题。由此,旅游景区视频异常事件检测与识别系统的异常事件检测功能的实现采用本书第 7 章提出的基于稀疏组合学习的视频异常事件检测方法,结合提取的旅游景区视频显著性时空特征,构建基于稀疏组合学习的旅游景区视频异常事件检测模型,实现旅游景区视频中异常事件的实时检测。

因此,旅游景区视频异常事件检测与识别系统的异常事件检测功能要能够对输入的旅游景区视频进行实时异常事件检测,对正常事件和异常事件进行区分,显示原始视频图像和对应的异常检测结果,并标注出异常事件发生的区域。

(3) 异常事件识别

现有基于深度学习的异常事件识别方法虽然可以自动从数据中学习到适用于人体行为理解的高层语义特征,不需要人工设计和提取特征,但其只在空间域上学习特征,不能很好地建模时间信号,丢失了输入视频的时间信息,且大多数深度神经网络需要固定大小和长度的输入视频,在一定程度上影响了视频异常事件识别的准确率。因此,如何更好地建模深度神经网络的空间和时间信息,如何克服深度网络对输入视频大小和长度的限制是需要解决的关键问题。由此,旅游景区视频异常事件检测与识别系统的异常事件识别功能的实现采用本书第 8 章提出的基于时空感知深度网络的视频异常事件识别方法,将时空深度卷积神经网络和时空金字塔池化相结合,在时间和空间域上学习旅游景区视频中的高层语义特征,构建基于时空感知深度网络的旅游景区视频异常事件识别模型。

因此,旅游景区视频异常事件检测与识别系统的异常事件识别功能要能够自动识别输入的旅游景区视频中的异常事件类型,显示原始视频图像和对应的异常识别结果,如拥堵、人群慌乱、暴力冲突等。

10.2　系统总体设计

根据系统需求,将旅游景区视频异常事件检测与识别系统分为三个功能模块,分别是视频特征提取模块、异常事件检测模块和异常事件识别模块。

1. 视频特征提取模块

视频特征提取模块采用提出的视频显著性时空特征提取方法,将基于高斯混合模型的视频前景目标提取算法和时空梯度模型相结合,在输入视频前景目标的时空块上提取显著性时空特征。该模块对旅游景区视频进行背景建模和前景检测,提取出前景目标,实时展示视频前景检测的结果,并将检测出来的视频前景目标保存到用户指定的位置,在此基础上提取旅游景区视频的显著性时空特征,并对特征进行降维处理。

2. 异常事件检测模块

异常事件检测模块采用提出的基于稀疏组合学习的视频异常事件检测方法,结合提取的旅游景区视频显著性时空特征,构建基于稀疏组合学习的旅游景区视频异常事件检测模型,实现旅游景区视频中异常事件的实时检测。该模块对正常事件和异常事件进行区分,显示原始视频图像和对应的异常检测结果,并标注出异常事件发生的区域。

3. 异常事件识别模块

异常事件识别模块采用提出的基于时空感知深度网络的视频异常事件识别方法,将时空深度卷积神经网络和时空金字塔池化相结合,在时间和空间域上学习旅游景区视频中的高层语义特征,构建基于时空感知深度网络的旅游景区视频异常事件识别模型。同时,该模块建模空间和时间信息,对输入的旅游景区视频进行异常事件识别,显示原始视频图像和对应的异常识别结果,如拥堵、人群慌乱、暴力冲突等。

旅游景区视频异常事件检测与识别系统框架如图 10-1 所示。

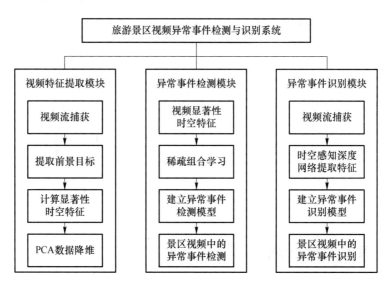

图 10-1 旅游景区视频异常事件检测与识别系统框架图

10.3 系统功能模块的详细设计

10.3.1 视频特征提取模块

视频特征提取模块集成了视频显著性时空特征提取方法,其功能主要包括:对旅游景区视频进行背景建模和前景检测,提取出前景目标,实时展示视频前景检测的结果,并将检测出来的视频前景目标保存到用户指定的位置,在此基础上提取旅游景区视频的显著性时空特征,并对特征进行降维处理。

视频特征提取模块采用基于混合高斯模型的视频前景目标提取算法,对旅游景区原始视频图像进行背景建模和前景检测,提取出视频中的前景目标,避免视频中背景信息的干扰,然后以前景目标二值图像为模板掩膜与旅游景区原始视频灰度图像做与运算,获取前景目标灰度图像。在此基础上,充分考虑视频帧间时空相关性,采用基于时空梯度模型的特征提取方法,通过将每帧视频图像缩放与分割,在连续几帧对应区域组成的时空块上提取显著性时空特征,实现游客行为的特征描述,使拥挤场景下的局部活动得到很好的表示,并基于主成分分析方法对特征向量进行降维处理。视频特征提取流程如图 10-2 所示。

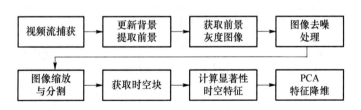

图 10-2 视频特征提取流程图

10.3.2 异常事件检测模块

异常事件检测模块集成了基于稀疏组合学习的视频异常事件检测方法,其功能主要包括:利用建立好的旅游景区视频异常事件检测模型对输入的旅游景区视频进行实时异常事件检测,对正常事件和异常事件进行区分,显示原始视频图像和对应的异常检测结果,并标注出异常事件发生的区域。

异常事件检测模块利用稀疏组合学习算法取代传统的稀疏表示,结合提取的旅游景区视频显著性时空特征,通过将只包含正常事件的旅游景区视频的显著性时空特征进行训练和学习,获取正常模式的字典,并在正常模式字典的基础上进一步进行稀疏基向量组合集学习,获取能更多地表示原始数据且保证重构误差在可允许范围内的稀疏组合集,构建基于稀疏组合学习的旅游景区视频异常事件检测模型,实现了旅游景区视频中的异常事件检测。在测试阶段利用建立好的异常事件检测模型对输入的旅游景区视频进行实时异常事件检测,对正常事件和异常事件进行区分,并显示异常事件发生的区域,即在测试阶段对一个新特征,通过和稀疏基向量组合集一一比对,找到误差最小的那个,如果该误差超过了阈值则将其认定为异常模式。视频异常事件检测的流程如图 10-3 所示。

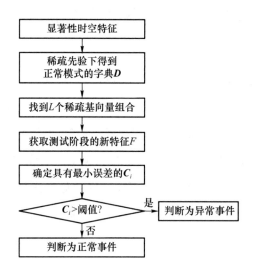

图 10-3 视频异常事件检测流程图

10.3.3 异常事件识别模块

异常事件识别模块集成了基于时空感知深度网络的视频异常事件识别方法,其功能主要包括:利用建立好的异常事件识别模型在时间和空间域上学习旅游景区视频中的高层语义特征,同时建模空间和时间信息,对输入的旅游景区视频进行异常事件识别,显示原始视频图像和对应的异常识别结果,如拥堵、人群慌乱、暴力冲突等。

这种基于深度学习的网络可以自动从视频数据中学习特征,而不需要人工设计和提取特征,并且允许任意大小和长度的视频输入,通过这种方式获得的深度特征蕴含高层的语义信息,更适用于人体行为理解、异常事件识别。在此基础上,我们利用 Softmax 分类器建立了旅游景区视频异常事件识别模型,实现了旅游景区视频中的异常事件识别,区分了异常事件的类型,如拥堵、人群慌乱、暴力冲突等。视频异常事件识别的流程如图 10-4 所示。

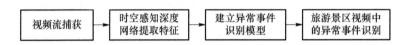

图 10-4　视频异常事件识别流程图

10.4　系统的实现与测试

本系统基于 Matlab 平台进行开发。系统具有三个功能模块:视频特征提取模块、异常事件检测模块和异常事件识别模块。视频特征提取模块对旅游景区视频进行背景建模和前景检测,提取出前景目标,实时展示视频前景检测的结果,并将检测出来的视频前景目标保存到用户指定的位置,在此基础上提取旅游景区视频的显著性时空特征,并对特征进行降维处理。异常事件检测模块利用建立好的旅游景区视频异常事件检测模型对输入的旅游景区视频进行异常事件实时检测,对正常事件和异常事件进行区分,显示原始视频图像和对应的异常检测结果,并标注出异常事件发生的区域。异常事件识别模块利用建立好的异常事件识别模型在时间和空间域上学习旅游景区视频中的高层语义特征,同时建模空间和时间信息,对输入的旅游景区视频进行异常事件识别,显示原始视频图像和对应的异常识别结果,如拥堵、人群慌乱、暴力冲突等。

10.4.1　视频特征提取模块功能的实现

在系统界面上单击"视频特征提取",输入视频路径和保存位置后单击"确定"按钮,开始进行视频前景检测和显著性时空特征提取,并逐帧显示原始视频图像和对应的前景目标二值图像,视频特征提取界面和视频前景检测过程分别如图 10-5 和图 10-6 所示。视频前景检测完成后,原始视频每一帧的前景目标二值图像会被保存到先前输入的视频特征提取的保存位置,如图 10-7 所示。

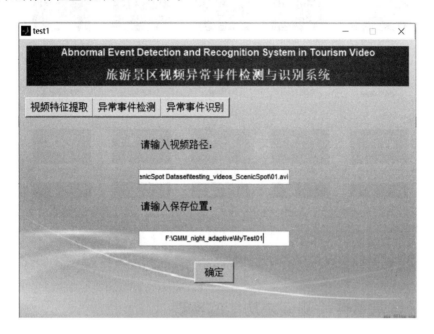

图 10-5　视频特征提取界面

图 10-6　视频前景检测过程

图 10-7　视频前景检测结果

10.4.2　异常事件检测模块功能的实现

在系统界面上单击"异常事件检测",异常事件检测界面如图 10-8 所示。输入视频路径后单击"确定"按钮,开始进行视频异常事件检测,逐帧显示原始视频图像和对应的异常检测结果,异常检测结果中对正常事件不做标记,对异常事件发生的区域用白色方块进行标记,以此来区分正常事件和异常事件。其中,正常帧如图 10-9 所示,异常帧如图 10-10 所示。异常事件检测完成后会出现"异常事件检测完成!"的提示消息和一个"返回"按钮,如图 10-11 所示。单击"返回"按钮即可关闭该异常事件检测界面,回到系统主界面。

10.4.3　异常事件识别模块功能的实现

在系统界面上单击"异常事件识别",异常事件识别界面如图 10-12 所示。输入视频路径后单击"确定"按钮,开始进行视频异常事件识别,显示原始视频图像和对应的异常识别结果,图 10-13、图 10-14 和图 10-15 分别为拥堵、人群慌乱、暴力冲突视频的异常识别结果。异常事件识别完成后会出现"异常事件识别完成!"的提示消息和一个"返回"按钮。单击"返回"按钮即可关闭该异常事件识别界面,回到系统主界面。

图 10-8　异常事件检测界面

图 10-9　异常事件检测结果——正常帧

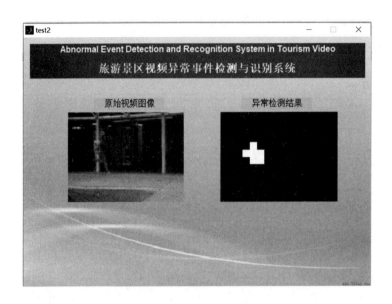

图 10-10 异常事件检测结果——异常帧

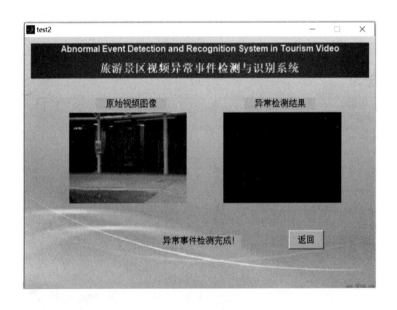

图 10-11 异常事件检测结果

图 10-12　异常事件识别界面

图 10-13　异常事件识别结果——拥堵

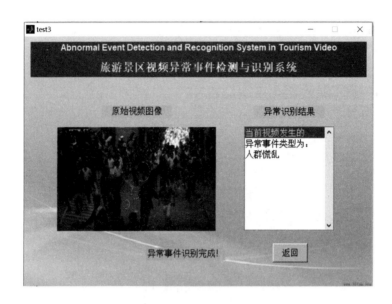

图 10-14 异常事件识别结果——人群慌乱

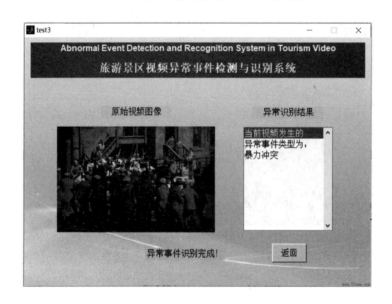

图 10-15 异常事件识别结果——暴力冲突

10.4.4 系统测试

设计旅游景区视频异常事件检测与识别系统的测试用例,系统测试结果如表 10-1
所示。

表 10-1 系统测试结果

测试用例	所属模块	具体步骤	测试结果
1	系统首页	进入系统首页	成功显示系统首页界面
2	视频特征提取	单击"视频特征提取"	成功显示"视频路径""保存位置"的输入框和"确定"按钮
3	视频特征提取	输入视频路径和保存位置,单击"确定"按钮	成功显示视频前景提取结果并保存到指定位置,完成特征提取
4	异常事件检测	单击"异常事件检测"	成功显示"视频路径"的输入框和"确定"按钮
5	异常事件检测	输入视频路径后单击"确定"按钮	成功显示原始视频图像和对应的异常检测结果(正常事件不做标记,异常事件发生的区域标记为白色)
6	异常事件检测	异常事件检测完成后单击"返回"按钮	成功回到系统主界面
7	异常事件识别	单击"异常事件识别"	成功显示"视频路径"的输入框和"确定"按钮
8	异常事件识别	输入视频路径后单击"确定"按钮	成功显示原始视频和对应的异常识别结果(拥堵、人群慌乱、暴力冲突等)
9	异常事件识别	异常事件识别完成后单击"返回"按钮	成功回到系统主界面

由表 9-1 可以看出,旅游景区视频异常事件检测与识别系统可以实现视频特征提取、异常事件检测、异常事件识别等功能,有利于及时发现和监测旅游突发事件。

本 章 小 结

本章综合第 6 章提出的视频显著性时空特征提取算法、第 7 章提出的基于稀疏组合学习的视频异常事件检测算法以及第 8 章提出的基于时空感知深度网络的视频异常事件识别算法,设计并实现了旅游景区视频异常事件检测与识别系统,给出了系统需求分析、系统总体设计以及系统功能模块的详细设计,将系统划分为三个功能模块:视频特征提取模块、异常事件检测模块和异常事件识别模块。视频特征提取模块功能主要包括旅游景区视频前景目标检测、显著性时空特征提取和降维。异常事件检测模块的功能主要包括对输入的旅游景区视频进行实时异常事件检测,显示原始视频图像和对应的异常检测结果,并标注出异常事件发生的区域。异常事件识别模块的功能主要包括对输入的旅游景区视频进行异常事件识别,显示原始视频图像和对应的异常识别结果。最后,本章介绍了系统的实现与测试,给出了系统各个功能模块实现的演示效果图,系统测试结果表明该系统可以实现游客群体异常行为的自动检测和识别,及时发现和监测旅游突发事件。